今日からはじめる

CLIP STUDIO PAINT イラスト入門

［PRO/EX/iPad 対応版］

［著］葉丸 ［編］リンクアップ

技術評論社

目次 contents

第1章　CLIP STUDIO PAINTを始めよう

第2章　基本機能・設定について知ろう

第3章 レイヤーを使おう

目次 contents

第4章 ペン・ブラシツールを使おう

目次 contents

第5章 移動・選択・変形ツールを使おう

第6章 図形・テキストツールを使おう

第7章 CLIP STUDIO PAINTでイラストを描こう

iPad版 CLIP STUDIO PAINT の操作・画面について

エッジキーボード

iPad版CLIP STUDIO PAINTには、操作を補助するための「エッジキーボード」という機能があります。エッジキーボードを使用することで、shift や space などの修飾キーを操作でき、T1～T15までのタッチキーに任意のショートカットキーを設定することが可能です。なお、タッチキーの表示数は、iPadの大きさや向きにより異なります。

画面の左端（または右端）からキャンバス方向にスワイプします。

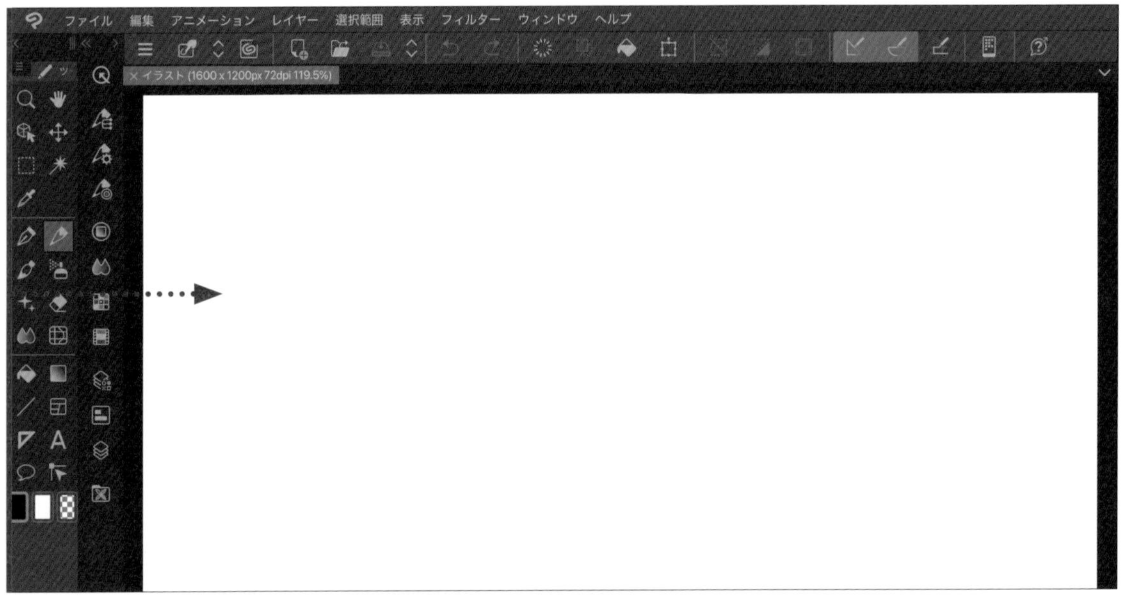

エッジキーボードが表示されます。エッジキーボード上をタップしながら画面の外方向へスワイプすると非表示にできます。

シンプルモード

iPad版CLIP STUDIO PAINTでは、Windows／macOS版と同じような機能を使用できる「スタジオモード」のほか、モバイルデバイスの画面を活用できる「シンプルモード」があります（Ver.2.1.0以降）。デジタルイラスト初心者や、かんたんな操作感でイラストを描きたい人向けのインターフェースです。

メニューバーの→［シンプルモードに切り替え］の順にタップします。

シンプルモードに切り替わります。スタジオモードに戻すには、画面右上の→［スタジオモードに切り替え］→［スタジオモードに切り替え］の順にタップします。

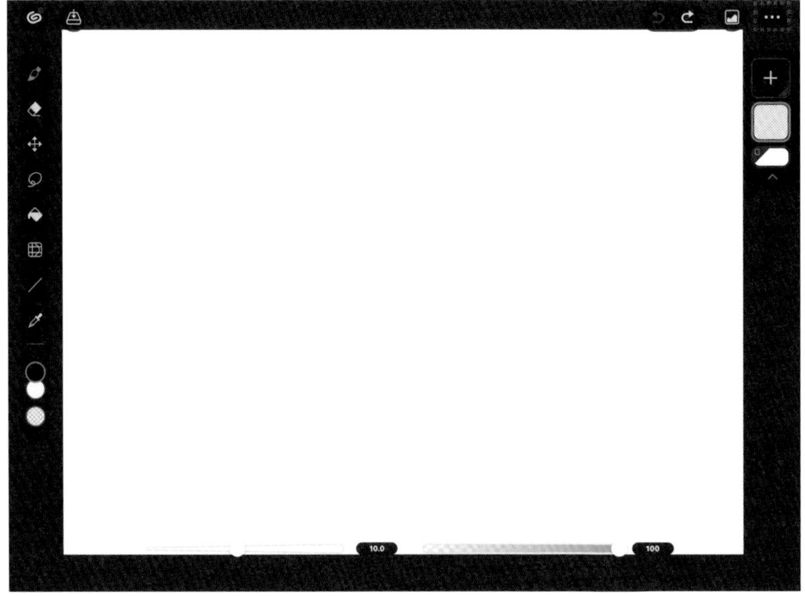

ダウンロード特典について

第7章でのメイキング解説に使用したイラストおよびメイキング動画、ほか解説部分の例をサンプルファイルとして提供しています。パスワード入力後、ダウンロードしてご利用ください。

https://gihyo.jp/book/2023/978-4-297-13659-8/support/

■注意1
同梱されているイラストデータおよび動画データはフリー素材ではありません。このテキストを含め、著作権はすべて著作権者が有します。許可のないイラスト・動画データの配布・加工・販売・貸与・譲渡などはすべて禁止とします。

■注意2
本書出版にあたっては十分な注意をはらい制作しておりますが、同梱のデータに欠陥がないことを完全に保証できるものではありません。なお、同梱データの使用によって生じたいかなる損害・不利益についても、技術評論社および著者は一切の責任を負いません。あらかじめご了承ください。

注意事項

本書に記載された内容は、情報の提供のみを目的としています。したがって、本書を用いた運用は、必ずお客様自身の責任と判断によって行ってください。これらの情報の運用の結果、いかなる障害が発生しても、技術評論社および著者はいかなる責任も負いません。

本書で使用したパソコンのOS：Windows 10、Windows 11
本書で使用したCLIP STUDIO PAINTのバージョン：PRO (Version 2.0.3)、EX (Version 1.13.0)

本書記載の情報は、2023年8月現在のものを掲載しています。ご利用時には、変更されている可能性があります。OSやソフトウェア、Webページなどは更新や変更が行われる場合があり、本書での説明とは機能や画面などが異なってしまうこともあり得ます。OSやソフトウェア、Webページなどの内容が異なることを理由とする、本書の返本、交換および返金には応じられませんので、あらかじめご了承ください。

以上の注意事項をご承諾いただいた上で、本書をご利用願います。これらの注意事項に関わる理由に基づく、返金、返本を含む、あらゆる対処を、技術評論社および著者は行いません。あらかじめご承知おきください。

第1章
CLIP STUDIO PAINTを始めよう

あらゆるデバイスで利用でき、プロの現場でも活用されているCLIP STUDIO PAINT。豊富なツールや充実の機能で、本格的なデジタルイラスト制作を早速始めてみましょう。

Section 01 CLIP STUDIO PAINTとは

CLIP STUDIO PAINTは、株式会社セルシスのペイントソフトです。ここではCLIP STUDIO PAINTの概要について紹介します。

CLIP STUDIO PAINTとは

CLIP STUDIO PAINTとは、世界で2,500万人以上が利用している株式会社セルシスの開発した総合ペイントソフトです。イラストをはじめ漫画やアニメーションなど幅広いジャンルの制作現場で取り入れられています。
CLIP STUDIO PAINTでは、とくに「絵を描くこと」に特化しており、リアルで自然な描き心地を実現。また、さまざまなテイストを表現できるブラシや豊富な機能、ダウンロードすればすぐに使える便利な素材なども実装されている点も大きな特徴です。
デジタルイラスト制作に必要な機能がすべて揃っているため、「デジタルでイラストを描いてみたい！」という人にとっては、CLIP STUDIO PAINTがあればすぐにイラストを描き始めることができます。

https://www.clipstudio.net/

CLIP STUDIO PAINTのグレード

CLIP STUDIO PAINTには有料のグレードが2種類あります。グレードによって使える機能が異なるので自分の目的に合ったものを購入するとよいでしょう。詳しくは、Sec.03を参照してください。

CLIP STUDIO PAINT PRO	イラスト、アートワーク、デザインワークに必要な機能を搭載。うごくイラストや漫画制作にも対応。
CLIP STUDIO PAINT EX	PROのすべての機能に加え、漫画制作用の機能がより充実。プロ向けアニメーション制作にも対応。

CLIP STUDIO PAINTとCLIP STUDIO

CLIP STUDIOとは、PAINTなどセシルス製ソフトに付随する専用ソフトです。CLIP STUDIO PAINTの起動や作品・素材の管理、公式の使い方ページへの誘導、ソフトウェアのアップデート、クラウドサービスの利用などクリエイターをサポートするための機能が集められています。

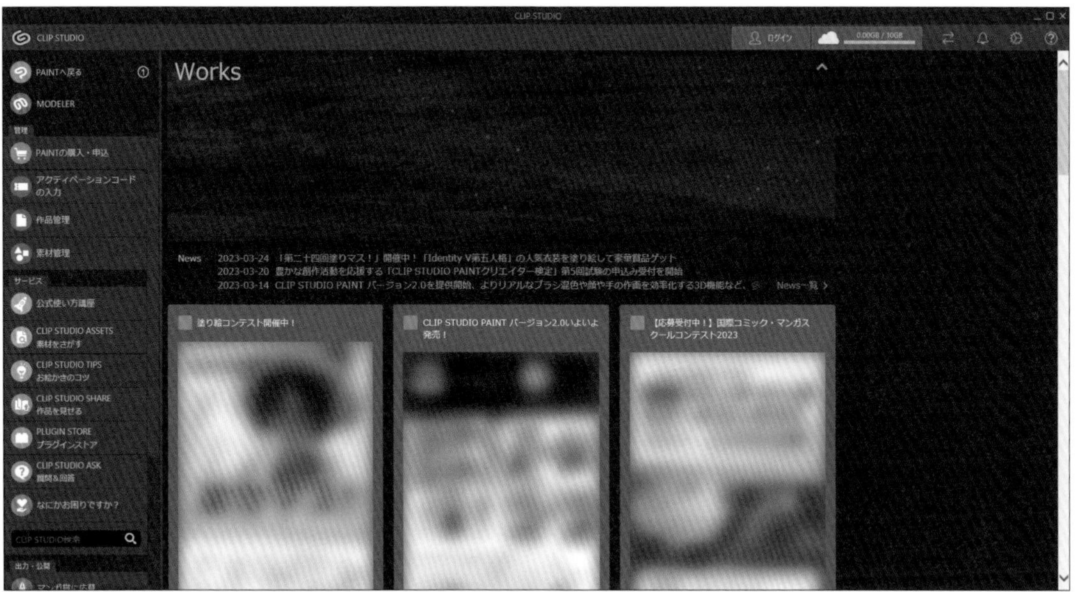

公式使い方講座やCLIP STUDIO ASSETSなどの関連サービス

世界で広いシェアを誇るCLIP STUDIO PAINTは、プロ・アマ問わずさまざまな制作現場やクリエイターを育成する学校でも導入されています。そのため、公式のサポートページも充実しており、「公式使い方講座」や「CLIP STUDIO TIPS お絵かきのコツ」といった制作に役立つコツやノウハウなどを調べることができます。また「CLIP STUDIO ASSETS」ではユーザーによって制作・出品された素材が公開されており、ダウンロードした素材はCLIP STUDIO PAINT上で自由に使用できます。

https://tips.clip-studio.com/ja-jp/official

Section 02

CLIP STUDIO PAINT の特徴

CLIP STUDIO PAINTはイラストを描くための多彩な機能やツールが魅力です。ここでは、CLIP STUDIO PAINTの主な特徴について紹介します。

ベクターレイヤーによるなめらかな描き心地

CLIP STUDIO PAINTでは、ほかの画像編集ソフトとは異なり、線の描きやすさと美しさがその持ち味です。高度な筆圧感知や線のブレを抑える補正機能などを搭載しており、ユーザーの筆圧に合わせてなめらかな描き心地を実現できます。

また、「ベクターレイヤー」は線画に特化したレイヤーです。ベクターレイヤーは数値で線画を管理するため、ベクターレイヤー上で描いた線画は拡大・縮小しても画質が荒くなることはありません。そのため、ペン入れした線画の修正をあとから行いたいときに、劣化することなく自由に形や太さを変更できます。

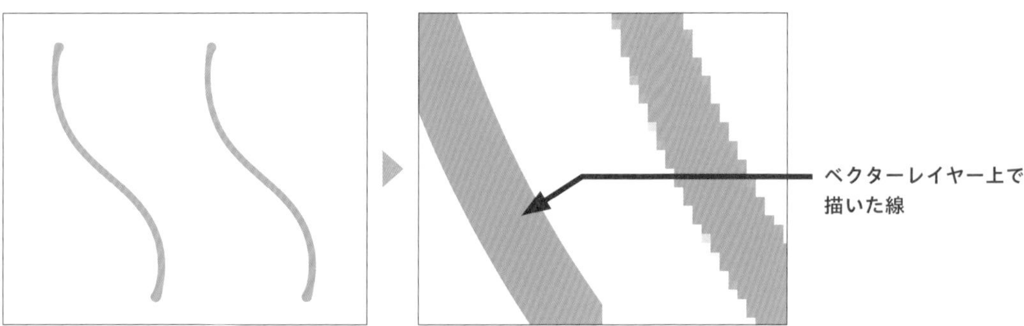

多彩な機能とツール

ペンやブラシなどをはじめ、イラストをよりよく描くために必要な機能や効率よく作業できるツールが数多く搭載されています。塗りにおいても水彩、パステル、油絵、クレヨン、アニメーションタッチなど、幅広い表現が可能です。
また、これらの多彩な機能やツールは用途やユーザーのスタイルに合わせて配置を使いやすくカスタマイズすることができ、自分だけの「ワークスペース」として切り替えることができます。

線を引く

ベクターレイヤー(P.075参照)、鉛筆ツール(P.129参照)、消しゴムツール(P.144参照)、ヒストリーパレット(P.044参照)

色を塗る

ラスターレイヤー(P.074参照)、色調補正(色相・彩度・明度)(P.118参照)、ペンツール(P.124参照)、塗りつぶしツール(P.131参照)

効果をかける

画像素材レイヤー(P.052参照)、クリッピングマスク(P.104参照)、合成モード(P.092参照)、グラデーション(P.116、148参照)

豊富な種類のフリー素材

CLIP STUDIO PAINTの関連サービスである「CLIP STUDIO ASSETS」では、イラスト制作においてパーツや背景などの作り込みが必要な場合に、すぐに使用できる素材が数万点以上公開されています。
株式会社セルシスやユーザーによって公開されており、ペンやブラシはもちろんのこと、木や草、炎といった背景画像から漫画制作で使えるコマ割りテンプレートやフキダシまで豊富な種類の素材が揃っています。ログインするだけで誰でもかんたんに素材をダウンロードでき、公開されている素材は有料無料に関わらず、すべて商用利用可能です。

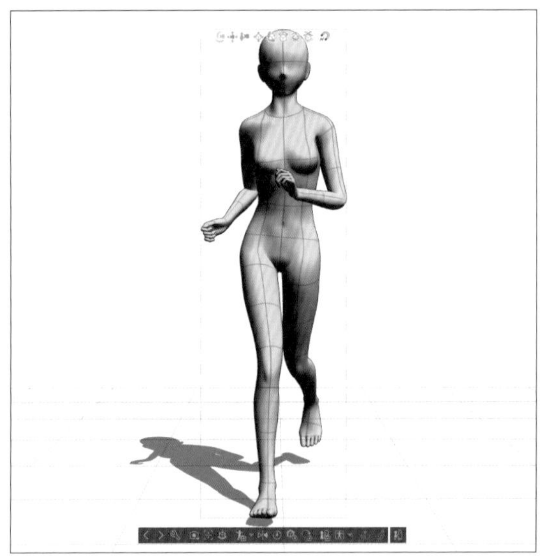

また、3Dデッサン人形をはじめ、建物や小物、ポーズなどの3D素材を使用できる点もCLIP STUDIO PAINTの特徴の1つです。CLIP STUDIO PAINTにデフォルトでインストールされている3D素材や、CLIP STUDIO ASSETSで公開されている3D素材をダウンロードすることで使用できます。
キャラクターのポーズやアタリの下描きにしたり、輪郭を抽出して線画として使用したりするなど、創作をより快適に進める使い方ができるでしょう。

ほかペイントソフトなどとの互換性

CLIP STUDIO PAINT は、レイヤーの構造を保持したまま、Photoshop形式（PSD、PSB）のデータを入出力し、編集・保存することができます。
また、スマートフォン・タブレットデバイス向けの無料お絵描きアプリ「kakooyo!」（https://www.kakooyo.jp/）やモバイルペイントアプリ「アイビスペイント」で描いた作品をレイヤー状態を保持したまま、クラウド上にアップロードし、CLIP STUDIO PAINTで編集することが可能です。

Section 03

CLIP STUDIO PAINT のグレード

CLIP STUDIO PAINTのグレードはPROとEXの2種類あります。ここではグレードによる機能の違いや各種プランと価格などを解説します。

グレードの種類

CLIP STUDIO PAINTには、PROとEXの2種類があります。PROでは、基本的なデジタルイラスト制作のほか、1ページ程度の短い漫画を描くこともできます。
EXは、PROの機能に加え、ページ数の多い漫画や同人誌、フィルターやそのほか細かいオプションを駆使したイラストを制作するのに向いています。

CLIP STUDIO PAINT PRO

イラストレーション、アートワーク、デザインワークに必要な機能を搭載

○「描く」、「塗る」がはかどる便利な機能
○うごくイラストやマンガ制作にも対応

詳しく見る

CLIP STUDIO PAINT EX

PROのすべての機能+制作効率をアップする機能を搭載

○プラグインに対応
○複数ページ作品、本の管理、印刷
○プロ向けアニメーション制作にも対応

詳しく見る

グレードによる機能の違い

EXのみの機能

複数ページの管理	複数ページの原稿、本を作品単位で管理できます。
複数ページ作品の印刷・書き出し	複数ページの作品を一括で印刷、指定の形式で書き出しできます。
LT 変換機能	写真、画像や 3D データを線画と色面やトーンに自動変換できます。
チーム制作機能	複数人でページごとに分担して行う共同制作の作業を管理しやすくなります。
プラグイン機構	フィルターやファイルのプラグインを組み込み、ソフトウェアの機能を追加できます。
ストーリー作成支援機能	漫画のストーリー作成、各ページへのテキスト配置をサポートする機能です。
入稿支援機能	同人誌や ZINE などの印刷会社への入稿用データの作成をサポートします。
Webtoon 制作機能	Webtoon のための書き出し、ページの表示方法、作品基本設定ができます。
プロ向けアニメーション制作機能	アニメーションスタジオなどプロの制作現場でも利用できるアニメーション制作機能を搭載しています。

※iPad/iPhone/Galaxy/Android/Chromebookでは利用できないものもあります

グレードの価格と各種プラン

2023年8月現在、PROとEXには主に「月額利用プラン」と「Ver.2.0ダウンロード版（無期限版・一括払い）」「アップデートプラン（年額）」があります。

月額利用プラン

月額利用プランは、1か月単位で使いたいときだけ、使いたいデバイスを選べるプランで、将来のバージョンで搭載される最新の機能を先行利用することができます。月額払いと、年額払い（最大51%オフ）とが用意されています。また、月額利用プランを初めて申し込む場合、最大3か月無料で利用を開始することが可能です。
なお、月額利用プランには通常プランのほか、すでにCLIP STUDIO PAINTを利用しているユーザー向けの優待プランに申し込むこともできます（1ライセンスにつき1度限り）。詳しくは「優待購入」（https://www.clipstudio.net/ja/promotion/upgrade/#specialoffers）を参照してください。

プラン	利用台数	CLIP STUDIO PAINT PRO	CLIP STUDIO PAINT EX
1デバイス	Windows／macOS／iPad／iPhone／Galaxy／Android／Chromebookから1台	月額480円（税込） 年額2,800円（税込）	月額980円（税込） 年額7,800円（税込）
2デバイス	Windows／macOS／iPad／iPhone／Galaxy／Android／Chromebookから2台	月額800円（税込） 年額3,800円（税込）	月額1,380円（税込） 年額10,800円（税込）
プレミアム	Windows／macOS／iPad／iPhone／Galaxy／Android／Chromebookから4台	月額980円（税込） 年額5,900円（税込）	月額1,600円（税込） 年額12,800円（税込）
スマートフォン	iPhone／Galaxy／Androidスマートフォンから1台	月額100円（税込） 年額700円（税込）	月額300円（税込） 年額2,800円（税込）

※iPhone1台で利用する場合はスマートフォンプランを利用できます
※GalaxyはSamsungのGalaxyシリーズのタブレット、スマートフォンのいずれかで利用できます
※Sペンでの筆圧検知、DeXモードを使用する場合はスマートフォンプラン以外を申し込む必要があります

MEMO ▶ アクティベーションコード

アクティベーションコードとは月額利用プランの支払いや、Ver.2.0ダウンロード版（無期限版・一括払い）でのライセンス認証で使用できる12桁あるいは13桁の英数字です。月額利用プランの場合、アクティベーションコードを使用すると、クレジットカードの登録をせずに新規の契約をしたり、すでに契約しているプランの支払いとして充当したりすることが可能です。

MEMO ▶ 月額利用プランを解約する

WebブラウザやWindows／macOS版アプリから申し込んだ場合、まずは「月額利用プランご契約情報」（https://ec.clip-studio.com/ja-jp）にアクセスします。表示されるプラン一覧から解約したいプランをクリックし、画面下部にある［解約へ］をクリックして、画面の指示に従って操作すると解約することができます。なお、WebブラウザやWindows／macOS版から申し込んでいた場合、返金が行われないため次回更新日までに解約手続きをしておきましょう。

Ver.2.0 ダウンロード版（無期限版・一括払い）

ダウンロード版では、最新バージョンである「CLIP STUDIO PAINT Ver.2.0」（2023年8月現在）を期限なく利用できます。不具合対応に関するアップデートも無償で受けられます。Windowsとmac OSに対応しており、CLIP STUDIOストアから購入可能です。購入時は、クレジットカード、コンビニ、amazonアカウントでの支払いからそれぞれ選べます。
ただし、先行利用を含め、将来のバージョンに搭載される機能は追加されません。アップデートをせずとも基本的な機能は問題なく利用できますが、バージョンで追加される最新機能のアップデートも視野に入れる場合は、別途「アップデートプラン」に申し込む必要があります。また、iPad／iPhone／Galaxy／Android／Chromebookには対応していません。
なお、ダウンロード版ではCLIP STUDIO PAINT PROからEXへのアップグレードを優待価格で購入することもできます。詳しくは「優待購入」（https://www.clipstudio.net/ja/promotion/upgrade/#specialoffers）を参照してください。

	CLIP STUDIO PAINT PRO	CLIP STUDIO PAINT EX
Ver.2.0ダウンロード版（Windows／macOS）	5,000円（税込）	23,000円（税込）

アップデートプラン（年額）

Ver.1（無期限版・一括払い）を利用中の場合は、アップデートプランに申し込むことで、Ver.2.0以降を利用できるようになります。Ver.3.0以降に搭載予定の新機能もVer.2.1などで先行利用することができます。アップデートプランは、1年ごとの自動更新です。なお、初回の 申し込みでは1か月無料で利用することができます。

	CLIP STUDIO PAINT PRO	CLIP STUDIO PAINT EX
アップデートプラン（Windows／macOS）	年額1,100円（税込）	年額3,100円（税込）

MEMO ▶ おすすめのプランは？

2023年3月14日に「CLIP STUDIO PAINT Ver.2.0」がリリースされたことに伴い、CLIP STUDIO PAINTではバージョンの体系と提供形態が一部変更されることとなりました。従来とは異なり、新機能を含む「機能更新アップデート」を受けるには、月額利用プランを利用するか、ダウンロード版とアップデートプランを併せて利用する必要があります。ただし、ダウンロード版のみの利用であってもOSやデバイスに関する重大な動作不良については「品質更新アップデート」が無償で提供される予定です（Ver.3.0のリリースまで）。
CLIP STUDIO PAINTを始める際、どのプランを購入すればよいか迷った場合は、公式ホームページの「おすすめプラン診断」（https://ec.clip-studio.com/ja-jp/plan-guides?_ga=2.51344809.1472787618.1680228802-1147125130.1679888244）も参考にしてみるとよいでしょう。

あなたのCLIP STUDIO PAINTの使用状況にあわせた、おすすめのVer.2のはじめ方をご案内します。

CLIP STUDIO PAINTのライセンスをお持ちの方

CLIP STUDIOアカウントにログインして
診断スタート！

CLIP STUDIO PAINTのライセンスをお持ちでない方

診断スタート！

Section 04

CLIP STUDIO PAINT をインストールしよう

CLIP STUDIO PAINTを自分のデバイス（ここではWindows）にインストールしてみましょう。また、ライセンスを購入する方法についても合わせて解説します。

CLIP STUDIO PAINT をインストールする

1 Webブラウザ（ここではMicrosoft Edge）で「https://www.clipstudio.net/ja/dl/」にアクセスし、インストールしたいバージョンをクリックします。

iPad版では、App Storeから「CLIP STUDIO PAINT」アプリを検索してダウンロードし、画面の指示に従ってインストールします。

2 インストーラーのダウンロードが始まります。ダウンロードが完了したら［ファイルを開く］→［はい］の順にクリックします。

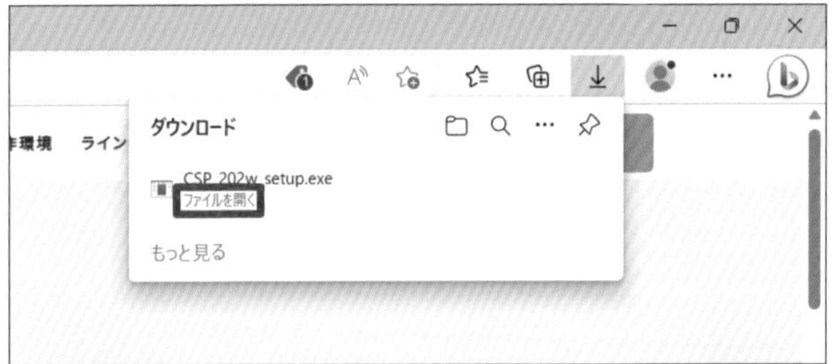

3 ［次へ］をクリックします。

MEMO ▶ CLIP STUDIO PAINT をダウンロードする

手順1の画面では「無料体験版（最大6ヶ月無料）」と「ご利用ライセンス別最新バージョン」からそれぞれ選んで、ダウンロードすることができます。ライセンスを購入している場合は、自分の利用プラン（P.018～019参照）に合ったバージョンをダウンロードしましょう。なお、無料体験版をダウンロードすることで、体験期間中はCLIP STUDIO PAINTのすべての機能を体験することができますが、期限を過ぎると一部の機能に制限が掛かってしまいます。引き続き利用したい場合は、ライセンスの購入を検討しましょう。

4 [使用許諾契約の全条項に同意します] をクリックしてチェックを付け、[次へ] をクリックします。

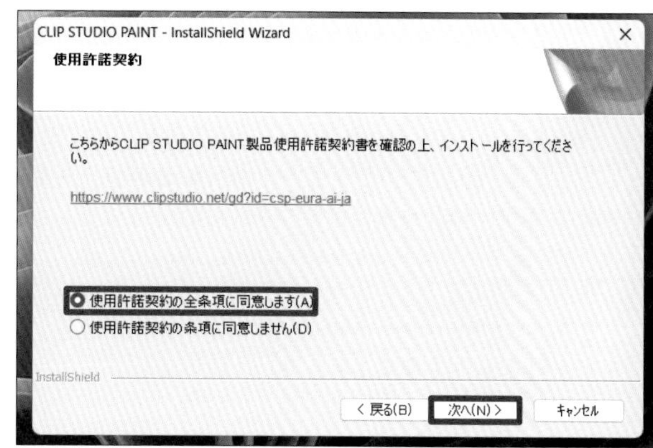

5 インストール先を確認し、[次へ] をクリックします。

[変更] をクリックすると、インストール先を変更できます。

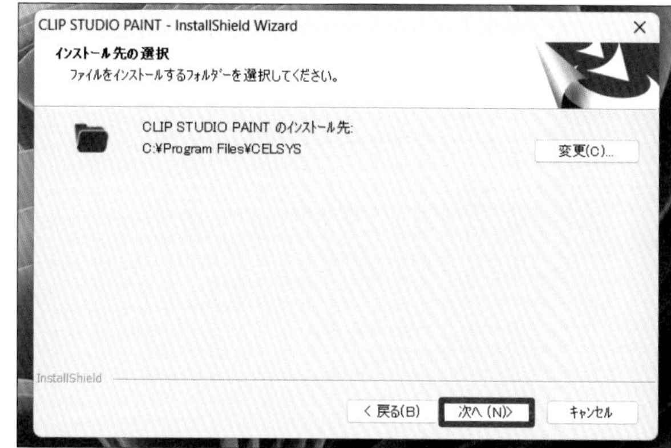

6 言語を確認し、[次へ] をクリックします。

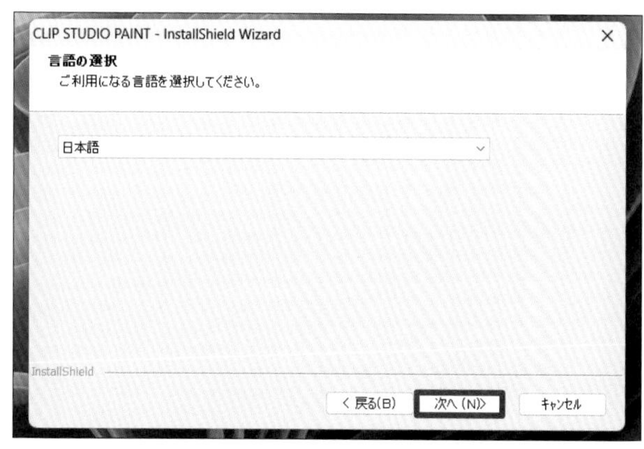

7 [インストール] をクリックするとインストールが開始されます。インストールが完了したら [完了] をクリックします。

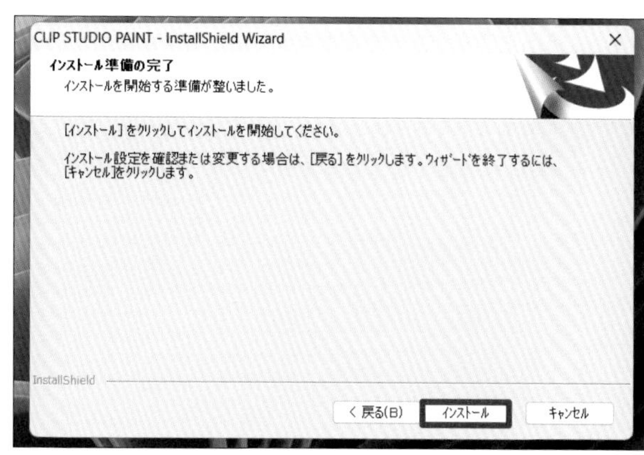

ライセンスを購入する

CLIP STUDIO PAINTを購入するには、月額利用プランまたはダウンロード版を購入するかのどちらかを選択します。ここでは「Ver.2.0ダウンロード版（無期限版・一括払い）」の購入方法について解説します。なお、CLIP STUDIOストアで購入の際にはCLIP STUDIOアカウントが必要です。

1 Webブラウザ（ここではMicrosoft Edge）で「https://www.clip-studio.com/clip_site/」にアクセスし、上部の［ストア］をクリックします。

2 ［無期限版・一括払い］をクリックします。

月額利用プランを購入したい場合は［月額利用プラン］をクリックします。

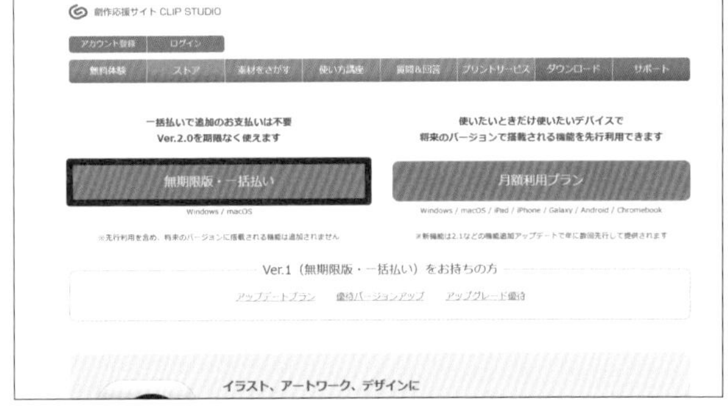

3 ここでは「CLIP STUDIO PAINT PRO Ver.2.0」の［ダウンロード版 5,000円］をクリックします。

4 支払い方法を選択します。ここでは「クレジットカードでのお支払い／コンビニでのお支払い」の［購入する］をクリックします。

5 [ログイン] をクリックします。

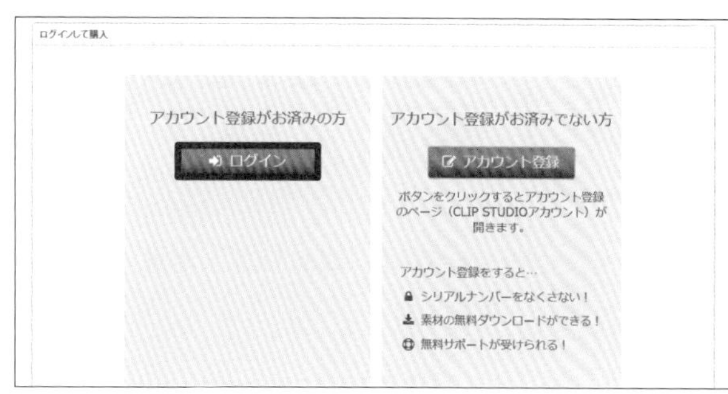

6 メールアドレスとパスワードを入力し、[ログイン] をクリックします。

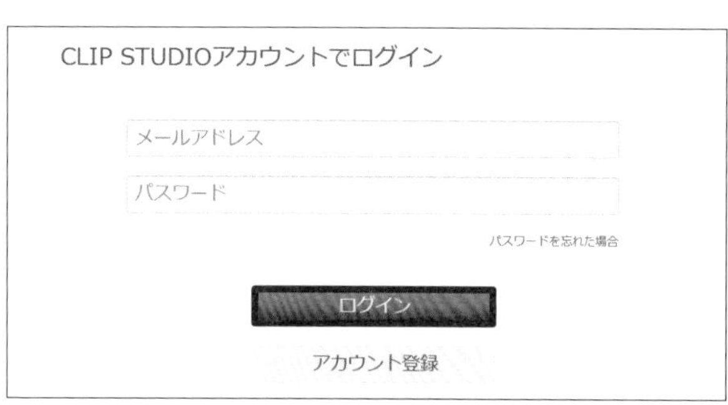

7 購入方法を選択します。ここでは [クレジットカードでのお支払いへ] をクリックしています。コンビニ払いもできます。

8 クレジットカード情報を入力し、[購入する] をクリックするとダウンロード版の購入が完了します。

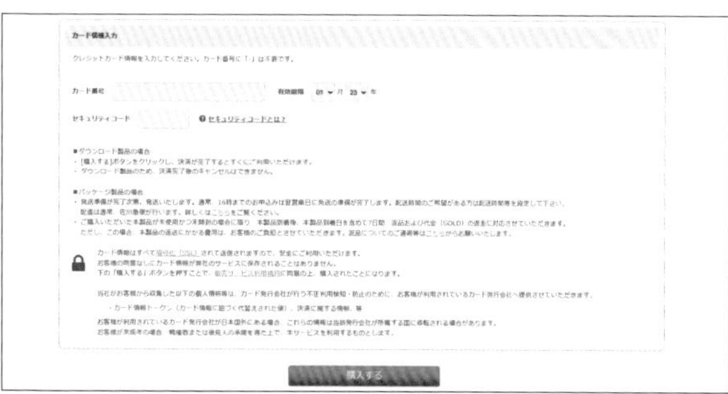

MEMO ▶ CLIP STUDIO アカウント

CLIP STUDIOアカウントとは、株式会社セルシスが提供するCLIP STUDIOサービスを利用する際に必要なアカウントです。CLIP STUDIOアカウントを持っていない場合は、手順**5**の画面で [アカウント登録] をクリックして画面の指示に従って登録するか、事前に「CLIP STUDIOペイント登録手続き」(https://accounts.clip-studio.com/register) にアクセスして登録しておきましょう。なお、アカウントは1人1アカウントまで登録できます。

Section 05

CLIP STUDIO PAINTを起動／終了しよう

CLIP STUDIO PAINTは、専用ソフトである「CLIP STUDIO」から起動します。ソフトの終了方法と合わせて、確認しましょう。

CLIP STUDIO PAINTを起動する

1 P.020～021を参考に、CLIP STUDIO PAINTをインストールすると、デスクトップにショートカットが追加されるので、ダブルクリックします。

デスクトップにショートカットがない場合は、[スタート]→[すべてのアプリ]の順にクリックし、[CLIP STUDIO]をクリックします。

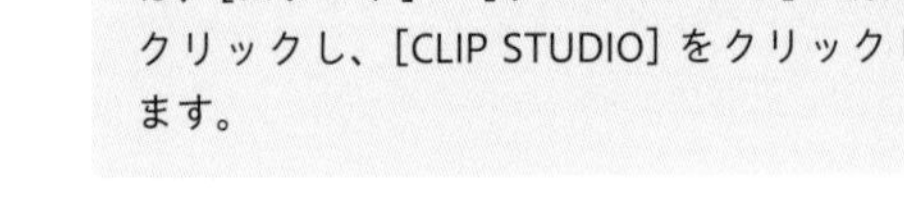

2 CLIP STUDIOが起動します。

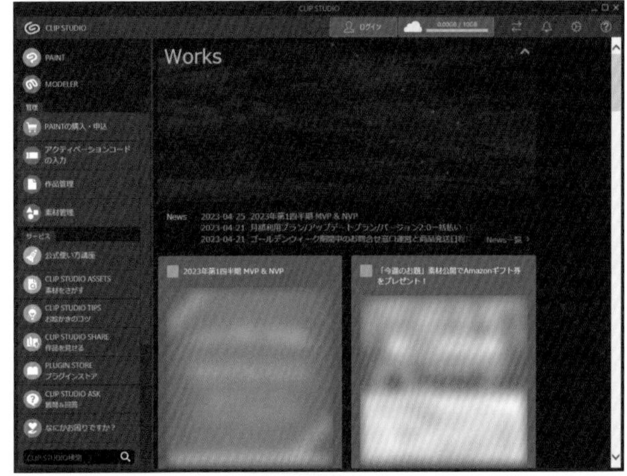

iPad版では、「CLIP STUDIO」アプリのアイコンをタップすると、すぐにCLIP STUDIO PAINTが起動します。

3 画面左上の[PAINT]をクリックします。

iPad版では、メニューバーの[アイコン]→[CLIP STUDIOを開く]の順にタップすると、CLIP STUDIOを開くことができます。

4 CLIP STUDIO PAINTが起動します。

P.024手順2で起動したCLIP STUDIOと、CLIP STUDIO PAINTはそれぞれ別ウィンドウで表示されます。

CLIP STUDIO PAINT を終了する

1 画面右上の☒をクリックします。

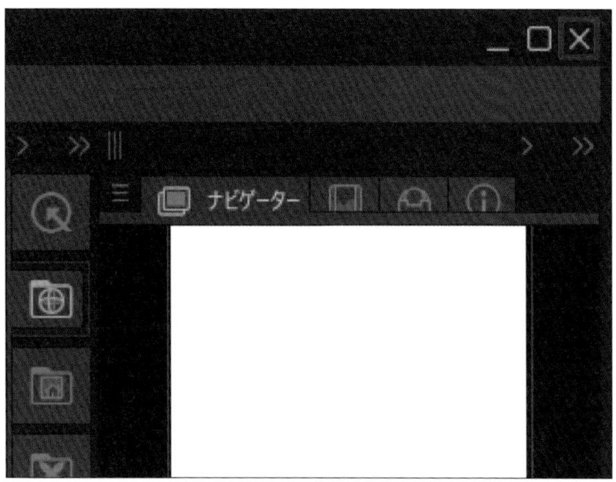

iPad版では、画面を上方向へスワイプする（またはホームボタンを押す）とアプリが終了します。

2 CLIP STUDIO PAINTが終了します。同様にCLIP STUDIOも終了できます。

CLIP STUDIO PAINTを起動した状態で、CLIP STUDIOのウィンドウに切り替えて☒をクリックするとCLIP STUDIOだけを終了できます。

MEMO ▶ ライセンスを認証する

初回起動時は、利用プランのライセンス認証を行う必要があります。「Ver.2.0ダウンロード版（無期限版・一括払い）」の場合、購入時にアクティベーションコードが発行されます。P.024手順3のあと、［ライセンスをお持ちの方／無料期間をお申し込みの方］をクリックし、画面の指示に従って操作し、ライセンスの認証を行いましょう。アクティベーションコードの入力やライセンス認証についての詳細は「https://support.clip-studio.com/ja-jp/faq/articles/20200134」を参照してください。

CLIP STUDIO PAINTの動作環境

CLIP STUDIO PAINTに必要な動作環境

CLIP STUDIO PAINTは、「Windows」「macOS」「iPad」「iPhone」「Galaxy」「Android」「Chromebook」で利用することができます。各デバイス・OSでの詳しい動作環境については、公式ホームページ(https://www.clipstudio.net/ja/dl/system/)を参照してください。ソフトを購入する前に、自身の環境と比較して正常に動作するかどうか確認しておくとよいでしょう。
ここでは「Windows」と「macOS」「iPad」で必要な動作環境を紹介します。

CLIP STUDIO PAINT Ver.2 for Windows／CLIP STUDIO PAINT Ver.2 for macOS

	Windows	macOS
OS	Windows 10／Windows 11	11／12／13
CPU	SSE2に対応したIntel、AMD製CPU、OpenGL 2.1対応CPU	Apple Mシリーズチップ、Intel製CPUを搭載したMac、OpenGL 2.1対応CPU
メモリ	2GB以上（必須）、8GB以上（推奨）	
ストレージ	3GB以上の空き容量	
タブレット	Windows Ink Platform対応コンピュータ、筆圧検知機能を有するスタイラス対応のタブレットおよび液晶タブレット（Wintab互換）、Wintab互換タブレットはワコム製（推奨）	
モニター	XGA（1024 × 768）以上（必須）、WXGA（1280 × 768）以上（推奨）、ハイカラー（16bit、65536色）以上（必須）	

CLIP STUDIO PAINT for iPad

OS	iPadOS 15／iPadOS 16
コンピュータ本体	メモリ：2GB以上（必須）、4GB以上（推奨） ディスプレイ：10.5インチ以上（推奨） ※利用可能な端末についての詳細は「https://support.clip-studio.com/ja-jp/faq/articles/20200153」を参照してください。
筆圧対応ペン	Apple Pencil（第1世代）、Apple Pencil（第2世代）
ストレージ	6GB以上の空き容量

動作に必要なCPUの性能やメモリは、作成するイラストの画像サイズやレイヤー数などによって大きく変わってきます。一般的にイラスト画像が大きく、レイヤー数が多いほど、高速なCPUやより多くのメモリが必要です。

第2章
基本機能・設定について知ろう

CLIP STUDIO PAINTの基本的な機能や操作、設定などを確認しましょう。また、万が一のときに備えてデータの保存やバックアップについても知っておくと安心です。

Section **06**

CLIP STUDIO PAINT の画面構成

CLIP STUDIO PAINTの基本的な画面構成を確認しましょう。豊富な機能や操作が実装されており、カスタマイズすることもできます。

基本の画面構成

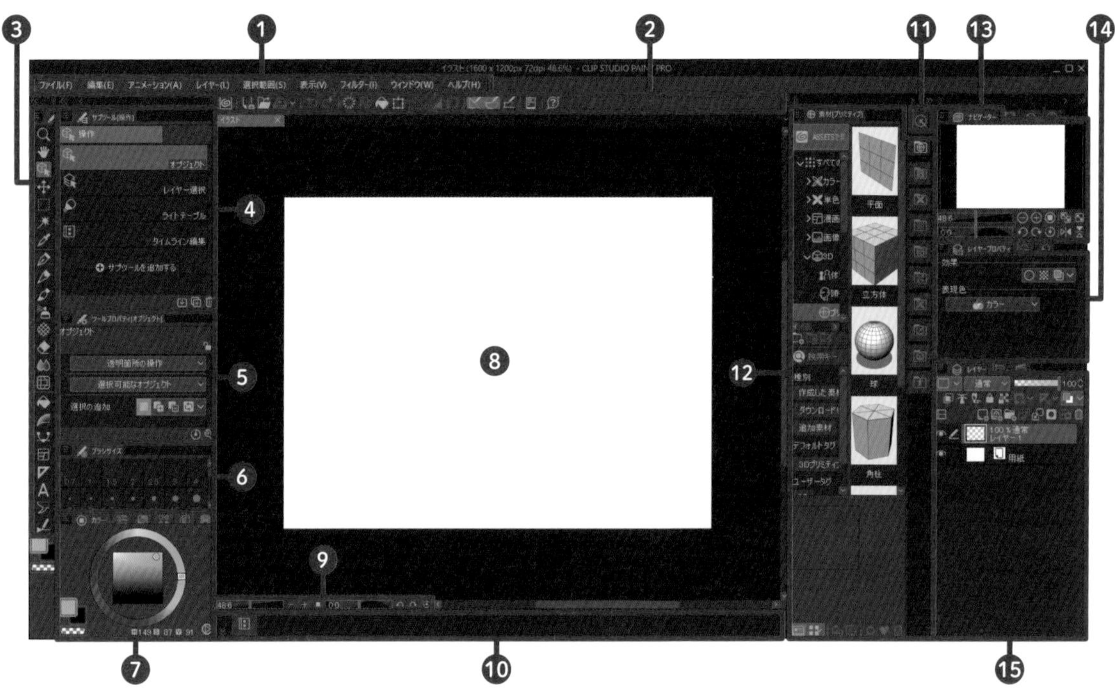

❶ メニューバー	各種メニューにアクセスできます。
❷ コマンドバー	新規キャンバスの作成、保存、やり直しなどよく使う機能が登録されています。
❸［ツール］パレット	ペンやエアブラシ、消しゴムなどイラストや漫画を描くときに使う機能を選択できます。
❹［サブツール］パレット	［ツール］パレットで選択したツールの種類を切り替えることができます。
❺［ツールプロパティ］パレット	［サブツール］パレットで選択したツールの設定変更ができます。
❻［ブラシサイズ］パレット	選択したツールのブラシサイズを選択できます。
❼［カラー系］パレット	描画の色を選択できます。タブで切り替えることができます（P.036 参照）。
❽ キャンバスウィンドウ	白の枠内にイラストを描くことができます（P.032 参照）。
❾ キャンバスコントロール	キャンバスの拡大／縮小、回転などキャンバスの表示に関わる操作ができます。
❿［タイムライン］パレット	アニメーションを作成できます。
⓫［クイックアクセス］パレット	メインメニューやツール、描画色などを登録でき、登録した機能をすばやく実行できます。
⓬［素材］パレット	イラストや漫画を描くときに使用する素材を管理できます。

⑬［ナビゲーター］パレット	キャンバスウィンドウに表示されているキャンバスの表示を拡大／縮小したり反転したりすることができます（P.042 参照）。
⑭［レイヤープロパティ］パレット	選択中のレイヤーにさまざまな効果を加えることができます。
⑮［レイヤー］パレット	イラストを描くときに使用するレイヤーを操作できます（P.070 参照）。

コマンドバーの構成

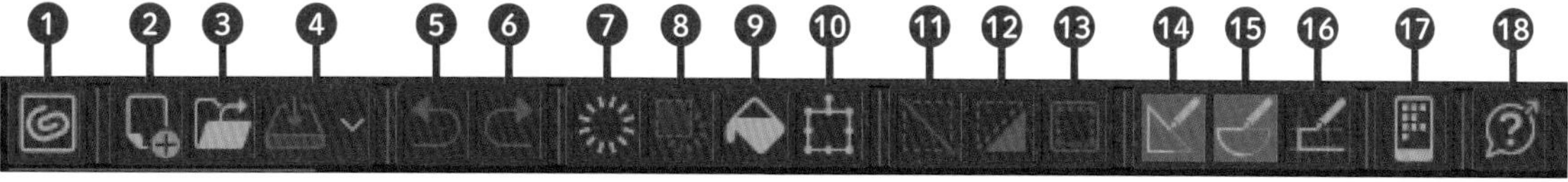

❶ CLIP STUDIO を開く	CLIP STUDIO を起動できます。
❷ 新規	新規キャンバスを作成できます。
❸ 開く	保存したイラストや画像などを開きます。
❹ 保存	作業中のイラストを保存できます。
❺ 取り消し	操作を 1 つ前の状態に戻します。
❻ やり直し	取り消した操作をやり直しできます。
❼ 消去	レイヤーに描かれた内容を消去します（選択範囲が指定されている場合は、指定範囲内に描かれた内容を消去します）。
❽ 選択範囲外を消去	選択範囲外に描かれた内容を消去します。
❾ 塗りつぶし	描画色で塗りつぶすことができます。
❿ 拡大・縮小・回転	キャンバスを拡大／縮小／回転することができます。
⓫ 選択を解除	選択範囲がある場合は、選択範囲を解除します。
⓬ 選択範囲を反転	選択範囲を反転させることができます。
⓭ 選択範囲の境界線を表示	選択範囲を示す破線の表示／非表示を切り替えることができます。
⓮ 定規にスナップ	定規へのスナップをオン／オフにできます。
⓯ 特殊定規にスナップ	特殊定規へのスナップをオン／オフにできます。
⓰ グリッドにスナップ	グリッドへのスナップをオン／オフにできます。
⓱ スマートフォンを接続	スマートフォン版の CLIP STUDIO PAINT と連携し、コンパニオンモード（スマートフォンを左手用デバイスとして使用できるモード）として使用できる QR コードを表示します。
⓲ CLIP STUDIO PAINT サポート	Web ブラウザが起動し、CLIP STUDIO のサポートページが表示されます。

MEMO ▶ コマンドバーを設定する

CLIP STUDIO PAINT ではメニューバーや各パレットから機能や操作を選択して実行しますが、その中でもよく使うものを集めてアイコンで表示できるのがコマンドバーです。初期設定では「キャンバスの新規作成」や「取り消し」「やり直し」など 18 種類の操作を選択できます。コマンドバーは、メニューバーの［ファイル］(iPad 版では) →［コマンドバー設定］の順に選択すると、「コマンドバー設定」ダイアログボックスが表示され、自由にカスタマイズすることができます。機能や操作を追加・削除したり、順序を並び替えたりすることも可能です。

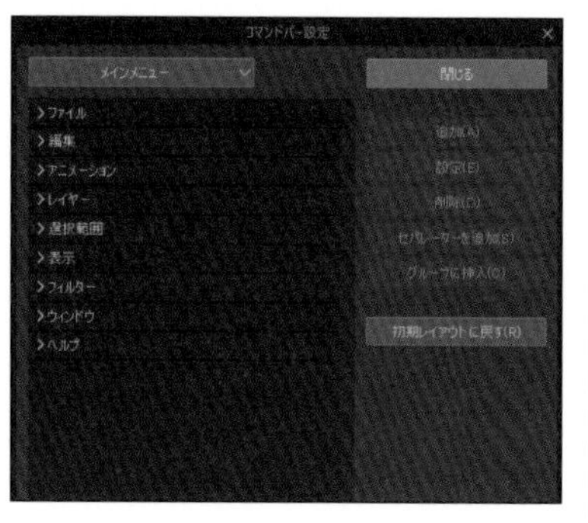

Section 07

絵を描く流れを知ろう

イラストを制作していくときの流れを確認しましょう。ここでは、おおまかな流れに沿って必要な操作や機能についてまとめています。

イラスト制作のおおまかな流れ

1 設定 デジタルイラストを快適に描いていくための設定を行います。

- ○CLIP STUDIO PAINTの画面構成 ➔P.028参照
- ○パレットを使った操作 ➔P.034参照
- ○CLIP STUDIO PAINTの筆圧調整 ➔P.040参照
- ○パレットのカスタマイズ ➔P.048参照
- ○環境設定 ➔P.064参照

2 下描き・カラーラフ レイヤーを分けつつ、下描きとカラーラフを描いていきます。

- ○新規キャンバス作成 ➔P.032参照
- ○カラーサークル ➔P.036参照
- ○キャンバスの操作 ➔P.042参照
- ○画像の読み込み ➔P.052参照
- ○ラスターレイヤー作成 ➔P.074参照
- ○レイヤー表示の切り替え ➔P.081参照
- ○新規フォルダ作成 ➔P.087参照

MEMO ▶ あくまで"著者流"

ここで紹介するイラスト制作の流れは、あくまで一例であり、必ずこの通りに描いていかなければならないというものではありません。また、イラスト制作の過程で、各工程が行ったり来たりすることはよくあります。CLIP STUDIO PAINTでさまざまなイラストを描いていくうちに、自分のやりやすい手順ややり方などを見つけたらその方法で描いていくとよいでしょう。CLIP STUDIO PAINTの使い方やツールなどの操作に慣れるまでは、ここの流れを参考にしてみてください。

3 線画 下描きをなぞって、イラストの線をきれいに整えていきます。

○ベクターレイヤー作成 ➜P.075参照
○ペンツールの手ブレ補正 ➜P.126参照
○ごみ取りツール ➜P.190参照
○線修正ツール ➜P.182参照
○定規ツール（対称定規） ➜P.204参照
○3D素材の操作 ➜P.056参照

4 塗り・描き込み 線画の上に色を乗せていきます。パーツごとに細かい描き込みもしていきます。

○スポイトツール ➜P.140参照
○クリッピングマスク ➜P.104参照
○タイリング ➜P.054参照
○自動選択ツール ➜P.166参照
○変形機能 ➜P.176参照
○ゆがみツール ➜P.192参照

5 仕上げ 合成モードを変えたり、イラストに効果を付けたりして加工し、仕上げます。

○デコレーションツール ➜P.152参照
○素材のダウンロード ➜P.160参照
○ブラシの自作 ➜P.154参照
○合成モード ➜P.092参照
○レイヤーマスク ➜P.105参照
○色調補正レイヤー ➜P.118参照

MEMO ▶ 下描きをアナログで描く場合

紙に描いた下描きを、スキャナーで取り込んだりスマートフォン・タブレットなどで撮影したりして、CLIP STUDIO PAINTに画像として取り込むことも可能です（P.052参照）。取り込んだ画像（下描き）は、そのままでは暗すぎたり、線が薄かったりする場合があるため、色調補正レイヤーの「明るさ・コントラスト」（P.118参照）で明るさを調整しましょう。また、色調補正レイヤーの「レベル補正」を利用すると、線の濃い～淡いを細かく調整できます。

Section **08**

新規キャンバスを作成しよう

イラストを描くには、新規キャンバスを作成しましょう。ここではキャンバスの設定の仕方や種類なども合わせて紹介します。

新規キャンバスを作成する

1 メニューバーの［ファイル］→［新規］の順にクリックします。

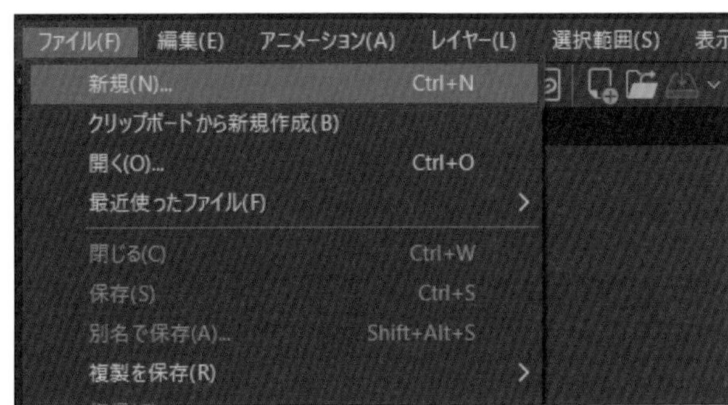

2 「新規」ダイアログボックスが表示されたら、「作品の用途」を選択し、ファイル名を入力します。「キャンバス」の設定を行い、［OK］をクリックします。

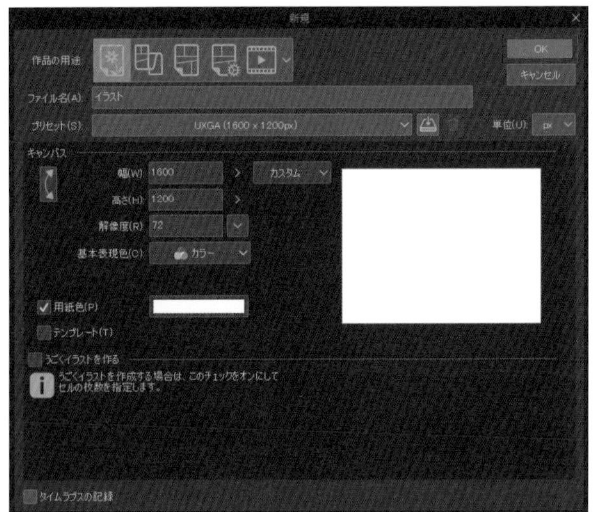

3 新規キャンバスが作成されます。

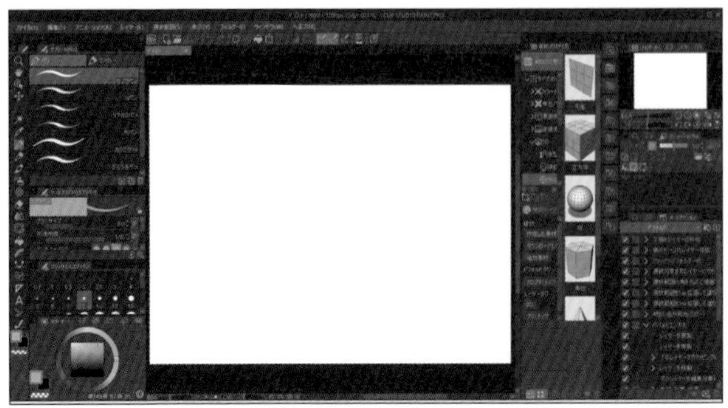

キャンバスの設定の種類

❶作品の用途	イラスト、漫画など用途ごとに選択できます。
❷ファイル名	任意のファイル名を入力します。
❸単位	「幅」「高さ」の単位を設定します。
❹幅／高さの入れ替え	「幅」「高さ」の設定を入れ替えることができます。
❺幅／高さ	キャンバスサイズを数値で指定できます。
❻解像度	解像度を指定できます。
❼基本表現色	カラー／グレー／モノクロを設定できます。
❽用紙の規格	用紙のサイズを指定できます。
❾用紙色	用紙の色を指定できます。
❿テンプレート	テンプレートを選択できます。
⓫うごくイラストを作る	かんたんなアニメーションを作成するときの設定です。
⓬プレビュー画面	設定した項目をプレビュー表示で確認できます。
⓭タイムラプスの記録	タイムラプスを記録できます。

MEMO ▶ キャンバスの解像度

キャンバスの解像度は、イラストを描いたあとの用途に応じて変更します。新規キャンバスを作成した際、デフォルトでは「72dpi」になっています。Webやデバイス上のみでの使用ならこちらで問題ありません。印刷用カラーで出力する場合は「350dpi」に設定しておくとよいでしょう。

Section 09 パレットを使った操作を知ろう

新規キャンバスを作成したら、早速キャンバスに描いていきましょう。ここでは各パレットからツールを選択するときの基本的な流れを解説します。

各パレットからツールを選択する

1 [ツール] パレットで [ペン] をクリックします。

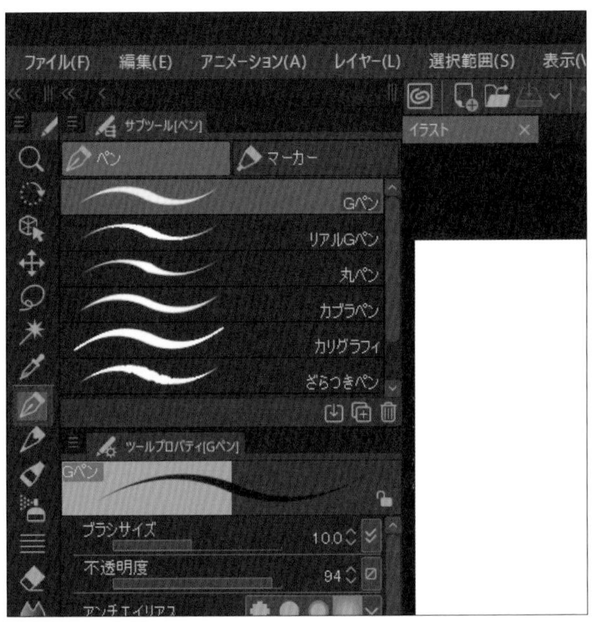

2 [サブツール] パレットで使いたいペン (ここでは [ペン] の [丸ペン]) をクリックします。

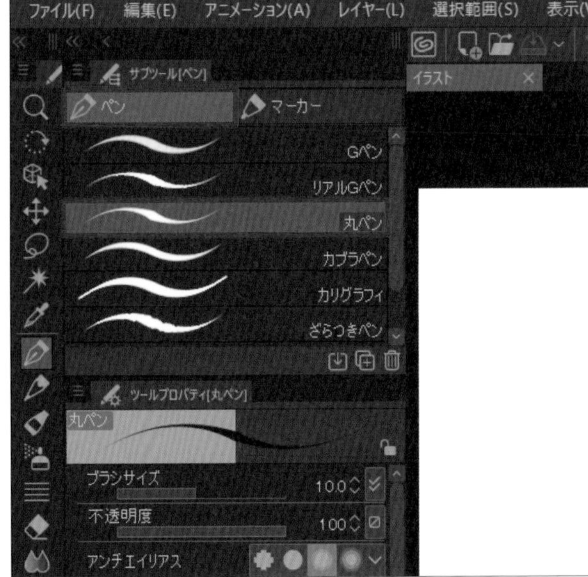

[サブツール] パレットの下にあるアイコンからサブツールの追加や複製、削除が行えます。もし誤って初期サブツールを削除してしまった場合などは、[サブツール] パレット左上の☰をクリックして [初期サブツールを追加] から復元できます。

3 [ツールプロパティ] パレットにある「ブラシサイズ」でバーを左右にドラッグ、または数値を入力してブラシの太さを変更します。

ブラシサイズは [ブラシサイズ] パレットから変更することもできます。

4 [カラーサークル] パレットで周りの輪をドラッグ (またはクリック) して色を変更し、内側の四角形の中から使いたい色の部分をクリックして選択します。

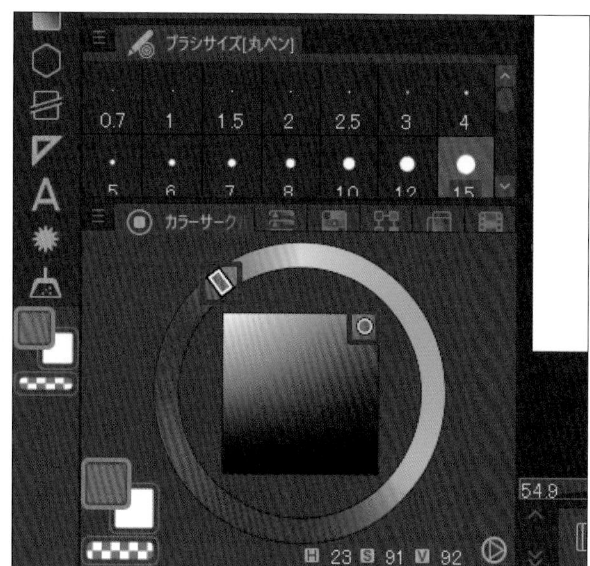

[カラーサークル] パレットなどで色を選択する方法については、P.037を参照してください。

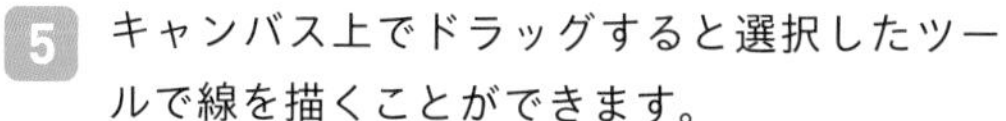

5 キャンバス上でドラッグすると選択したツールで線を描くことができます。

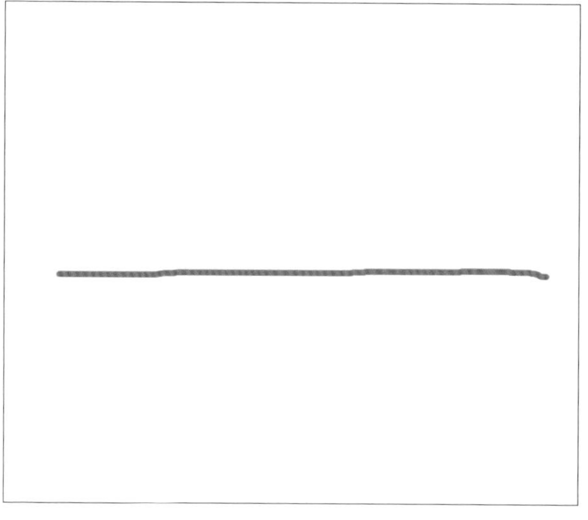

Section 10 カラーサークルについて知ろう

[カラー系] パレットには、色を選択するときに役立つパレットが6種類用意されています。パレットを使い分けて、思い通りの色を選んでみましょう。

カラーサークルとは

「カラーサークル」とは、さまざまな色を色相環（色相を環状に配置したもの）の順に並べたものです。CLIP STUDIO PAINTでは、[カラー系] パレットの中にある [カラーサークル] を選択すると確認することができます。カラーサークルを利用することで、直感的に色を選ぶことができます。カラーサークルでは周りの輪が「色相（赤・青・黄など固有色の色合い）」、内側にある四角形の縦軸が「明度（色の明暗）」、横軸が「彩度（色の鮮やかさ）」を表しています（HSV色空間の場合）。

[カラーサークル]パレット

カラーサークルで色を指定できるパレットです。通常では「色相」「彩度」「明度」を設定できるカラーモード（❶HSV色空間）になっています。右下の◎をクリックすることで、「色相」「輝度」「彩度」を設定できるカラーモード（❷HLS色空間）に切り替わります（右下の◎をクリックするともとのカラーモードに戻ります）。

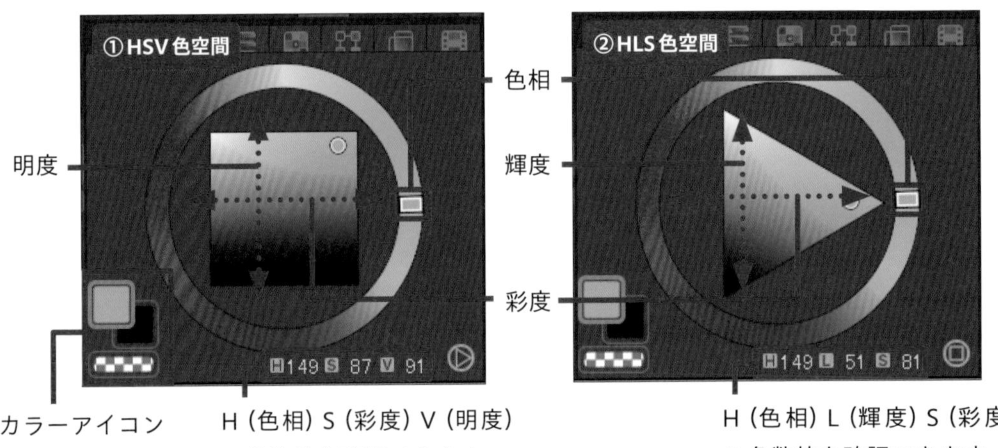

カラーアイコン

カラーアイコンには、「メインカラー」と「サブカラー」、透明色を使える「透明色」が表示されています。メインカラーやサブカラーに色を指定しておくと、カラーアイコンをクリックして切り替えるだけですぐに使うことができます。青色の枠で囲まれている色が現在選択されている描画色です。カラーアイコンは [カラーサークル] パレット内にあるほか、[ツール] パレットの下にも配置されています。

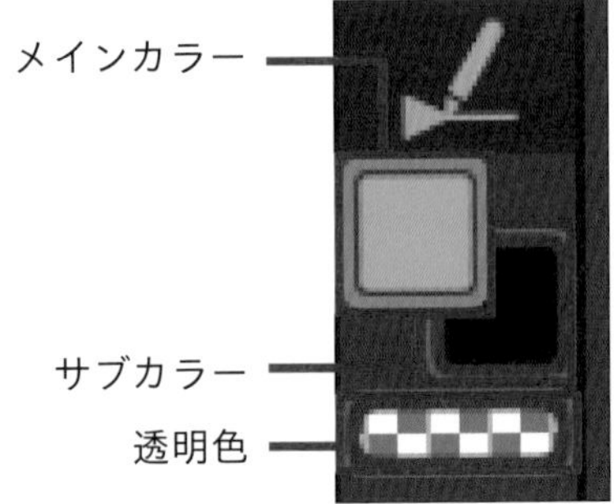

[カラーサークル] パレットで色を選択する

1 [カラーサークル] パレットのカラーアイコンで [メインカラー] をクリックして選択します。

[ツール] パレットの下にあるカラーアイコンから選択することも可能です。また、HSVの数値部分をクリックするとRGBでの値を確認できます。

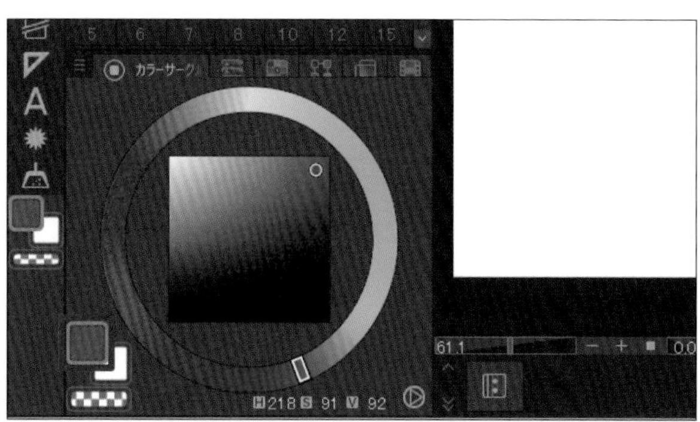

2 [カラーサークル] パレットの周りの輪をドラッグ (またはクリック) して色相を変更し、内側の四角形の中でドラッグ (またはクリック) することで描画色を選択できます。

サブカラーの描画色を変更したい場合は、カラーアイコンのサブカラーをクリックして選択した状態で、描画色を選択します。なお、一部のブラシではサブカラーで選択中の描画色が反映されるものもあります。

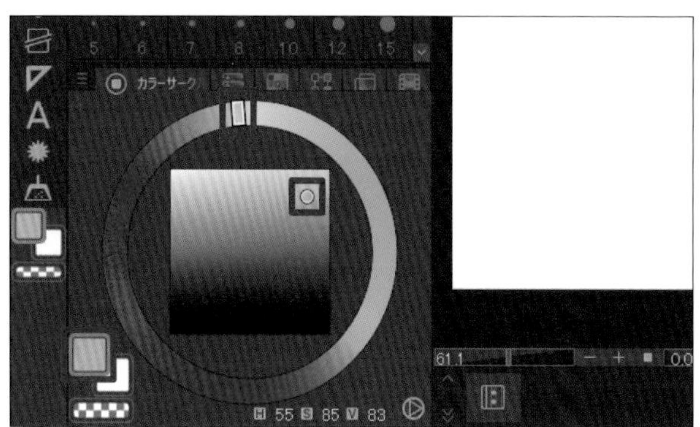

RGB で色を選択する

1 [カラー系] パレットの左から2番目のタブをクリックして、[カラースライダー] パレットを表示し、左側の [RGB] をクリックします。

見当たらない場合は、メニューバーの [ウィンドウ] → [カラースライダー] の順にクリックすると [カラースライダー] パレットを表示できます。

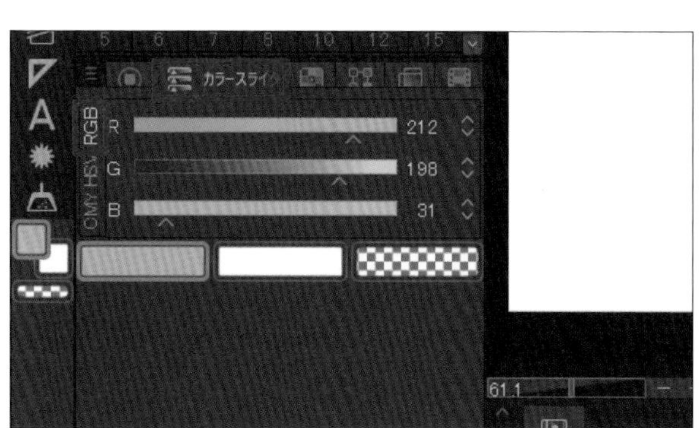

2 R (Red：赤) G (Green：緑) B (Blue：青) の各バーをドラッグすると描画色を選択できます。

数値を直接入力して色を選択することもできます。

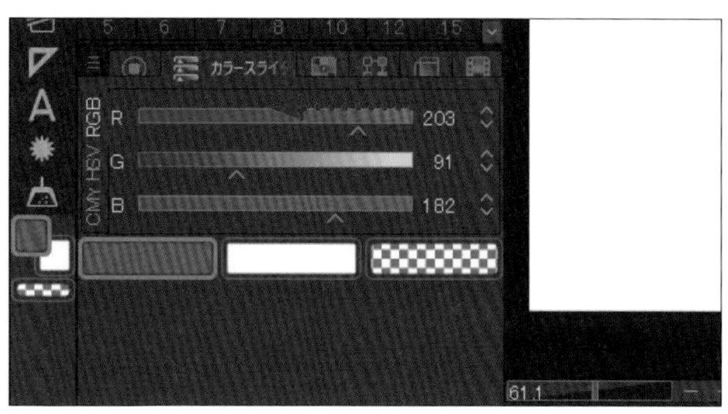

カラーに関わるそのほかのパレット

[カラースライダー]パレット

スライダー、または数値で色を指定できるパレットです。

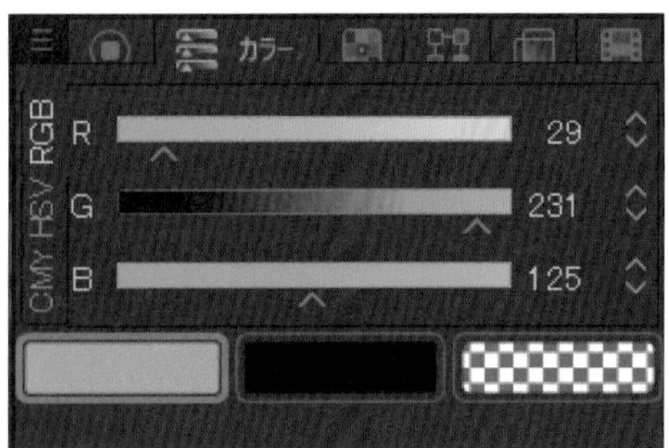

[カラーセット]パレット

カラーセット一覧から色を指定できるパレットです。

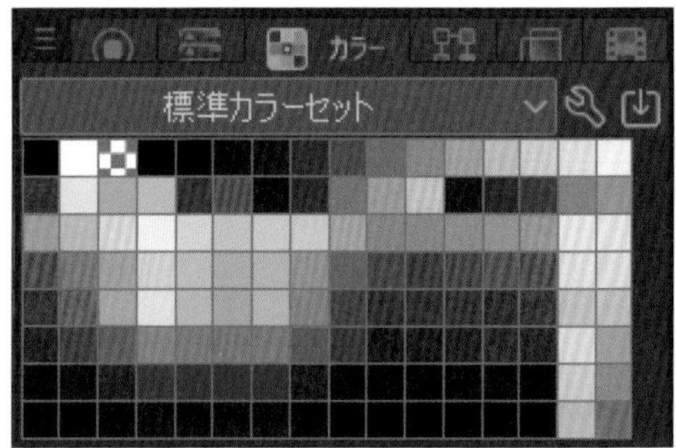

[中間色]パレット

四隅に指定した色の中間色を表示できるパレットです。

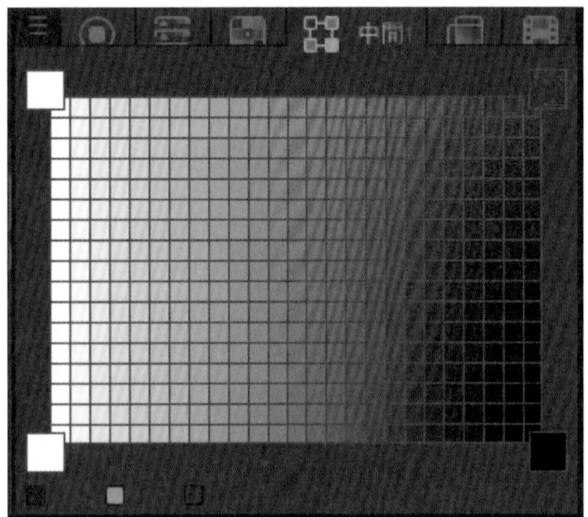

[近似色]パレット

指定したメインの色の近似色を表示できるパレットです。

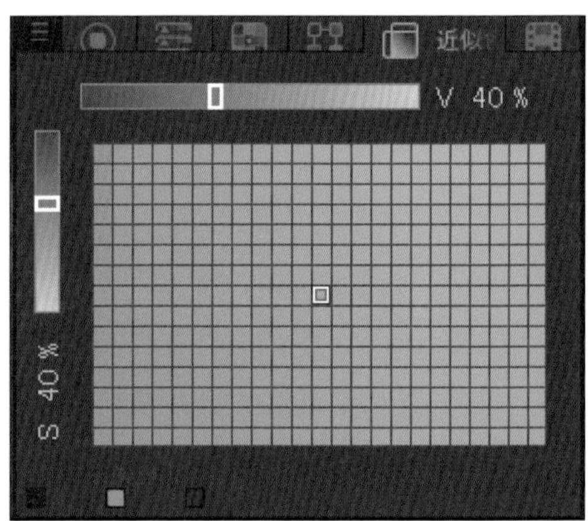

[カラーヒストリー]パレット

最近使用した色の履歴を一覧表示できるパレットです。

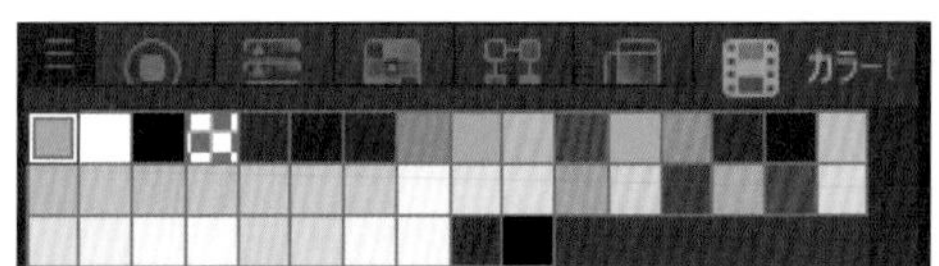

MEMO ▶ RGB と CMYK の違い

RGBは光の三原色である赤（Red）、緑（Green）、青（Blue）の頭文字からきています。RGBの3色は混ぜるほど明るい色になり、白に近くなります。対してCMYKは色の三原色であるシアン（Cyan）、マゼンタ（Magenta）、イエロー（Yellow）と黒色のキー・プレート（Key Plate）の頭文字です。CMYKの場合は、混ぜるほど暗い色になり黒に近付きます。両者の違いは、色を表現できる領域にあり、RGBはコンピュータやテレビなどのディスプレイで使われることが多く、CMYKは紙に印刷するときに用いられます。印刷するイラストではCMYKを使うなど、イラストの用途に応じてカラーモードを使い分けるとよいでしょう。

使った色を［カラーセット］パレットに登録する

1 ［カラー系］パレットのいちばん右端のタブをクリックして［カラーヒストリー］パレットを表示したら、をクリックし、［カラーセットパレットに登録］→［OK］の順にクリックします。

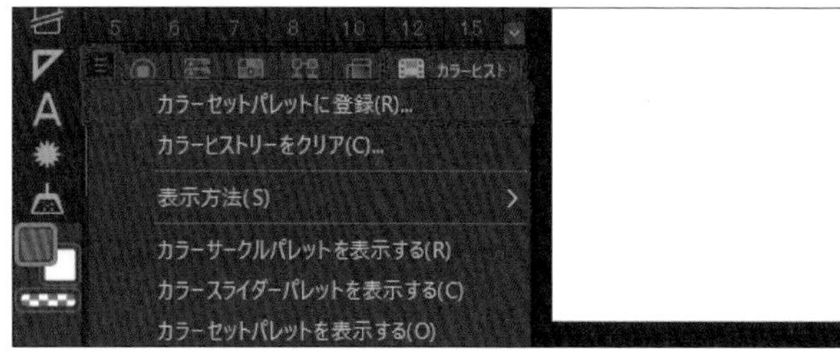

2 使った色を［カラーセット］パレットに登録できます。登録後、［カラー系］パレットの左から3番目のタブをクリックして［カラーセット］パレットを表示し、上部のプルダウンメニューからクリックして選択すると、使った色を選択できるようになります。

メインカラーやサブカラーの色を［カラーセット］パレットにドラッグ＆ドロップすることでも登録できます。

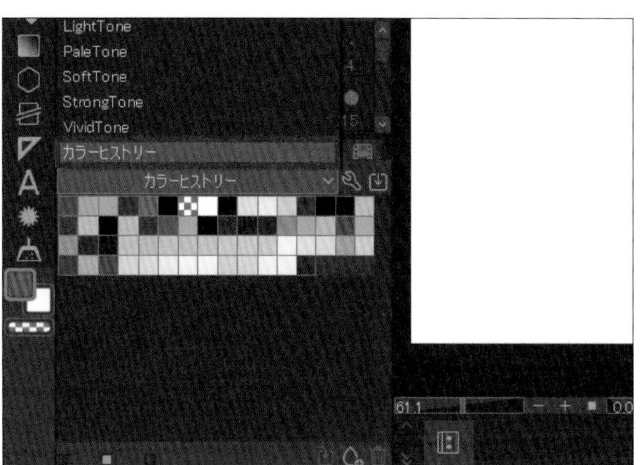

［中間色］パレットで色を選択する

1 ［カラー系］パレットの左から4番目のタブをクリックして［中間色］パレットを表示したら、ほかの［カラー系］パレットなどで基準となる描画色を設定します。

見当たらない場合は、メニューバーの［ウィンドウ］→［中間色］の順にクリックすると［中間色］パレットを表示できます。

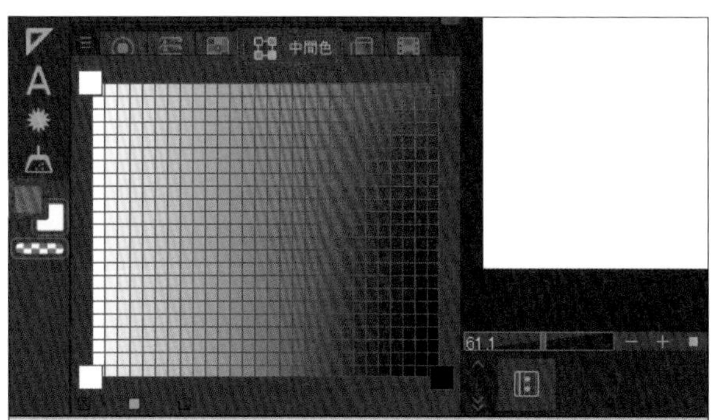

2 ［中間色］パレットの四隅にあるタイルをクリックすると描画色が反映されます。残りの3つのタイルも同様の方法で描画色を指定すると、内側のタイルに4色の中間色が表示されるので、使いたい中間色をクリックして選択します。

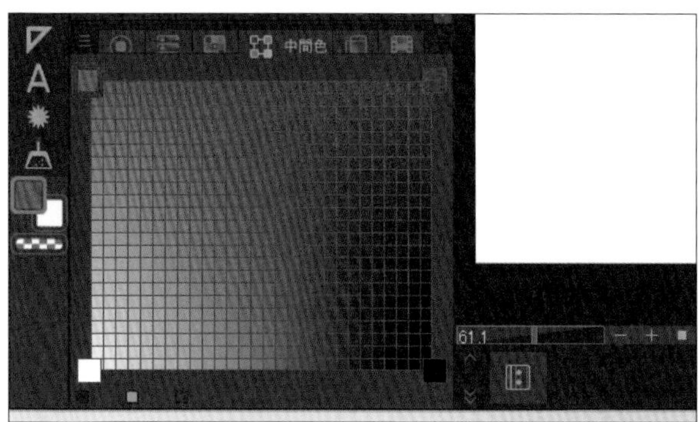

Section 11

CLIP STUDIO PAINT の筆圧を調整しよう

CLIP STUDIO PAINTでは、ペンタブレットを使うことが基本です。イラストを描く前に、適切な筆圧に調整しておきましょう。

筆圧を調整する

1 メニューバーの［ファイル］→［筆圧検知レベルの調節］の順にクリックします。

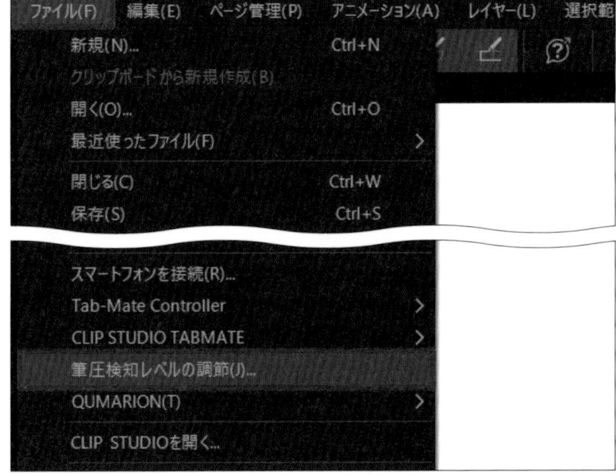

iPad版では、［アイコン］→［筆圧検知レベルの調節］の順にタップします。

2 「筆圧の調整」ダイアログボックスが表示されたら、キャンバス上で描画し、［調整結果を確認］をクリックします。

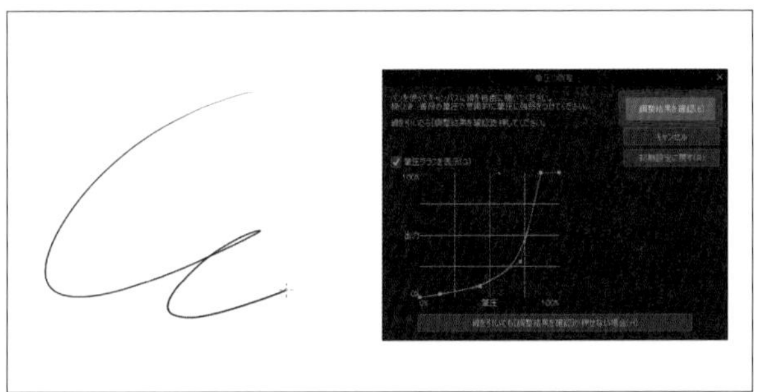

ペン・ブラシごとに筆圧を調整することもできます（P.124参照）。

3 「調整の確認」ダイアログボックスが表示されたら、手順2で設定した調整が反映された状態で描画できます。キャンバス上で描画をくり返し試し、描きやすい設定になったら［完了］をクリックします。

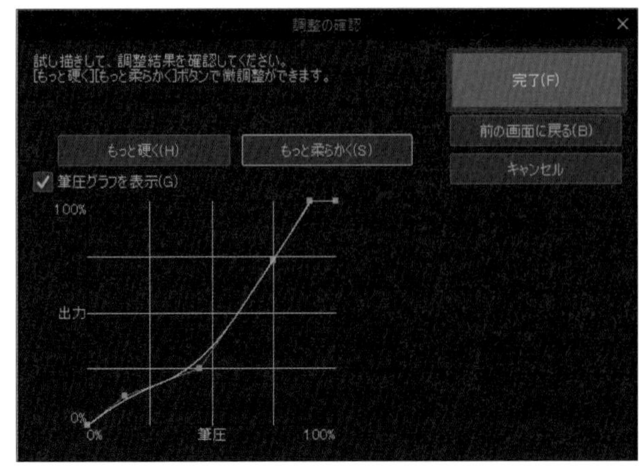

［もっと硬く］または［もっと柔らかく］をクリックすると、より詳細な筆圧検知レベルを調整できます。

筆圧グラフを使って調整する

P.040手順2の「筆圧の調整」ダイアログボックスにある「筆圧グラフ」は、縦軸がキャンバスに描画（出力）されるブラシの大きさ、横軸がペンの筆圧となっています。初期設定では斜めの直線の状態ですが、この直線をドラッグして調整することで自分の描きやすい筆圧に設定にすることができます。なお、ブラシの手ブレ補正についてはP.126、線の入り抜きについてはP.128を参照してください。

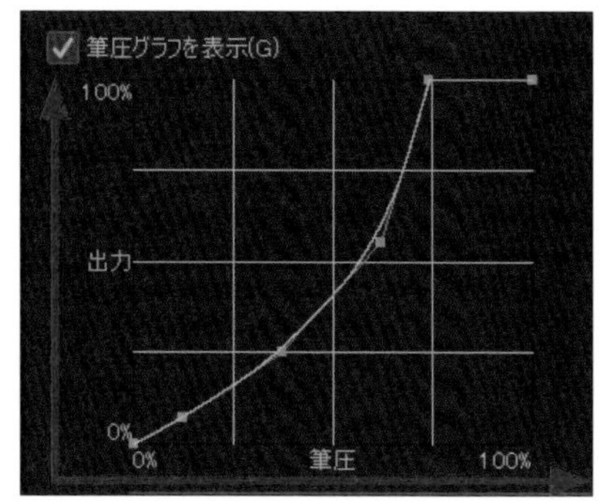

線の太さ

筆圧の強さ

筆圧が弱い設定

直線をドラッグして左側に調整すると、少しの力でも出力されるブラシの大きさが増えるため、筆圧が弱くても描きやすい設定にできます。

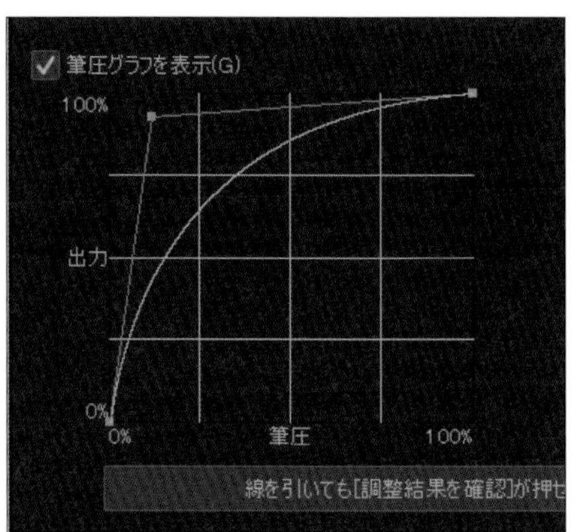

筆圧が強い設定

直線をドラッグして右側に調整すると、筆圧に対して出力されるブラシの大きさが抑えられるため、筆圧が強い場合の設定に向いています。

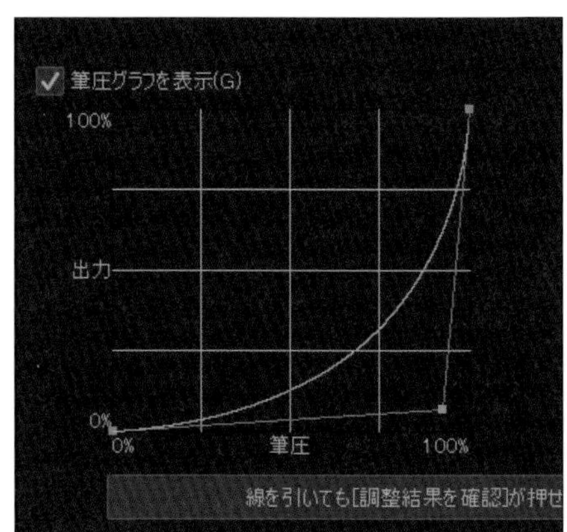

Section 12

キャンバスを操作しよう

[ナビゲーター] パレットではキャンバスの表示を操作できます。合わせてキャンバスをもとの状態に戻す方法も覚えておくと便利です。

[ナビゲーター] パレットとは

[ナビゲーター] パレットでは、キャンバス全体を確認できるほか、キャンバスの表示に関わる拡大／縮小、回転、反転などの操作もできます。

❶イメージプレビュー
❷拡大／縮小スライダー
❸ズームアウト／ズームイン
❹100%
❺フィッティング
❻全体表示
❼回転スライダー
❽左回転／右回転
❾回転をリセット
❿左右反転
⓫上下反転

イメージプレビュー上の赤枠は、キャンバス画面での表示領域を示しています。

MEMO ▶ キャンバスウィンドウ左下から操作する

キャンバスの拡大／縮小や回転は、キャンバスウィンドウ左下にあるスライダーやアイコン（キャンバスコントロール）から行うこともできます（iPad版ではキャンバスコントロールは表示されないため、[ナビゲーター] パレットやタッチジェスチャーなどで操作します）。

キャンバスを拡大／縮小する

1 [ナビゲーター] パレットの [ズームイン] ⊕をクリックすると、キャンバスが拡大表示されます。

イメージプレビュー上の赤枠の内側でドラッグすると、赤枠の位置を移動させることができ、キャンバス上でも表示位置が変更されます。

2 [ナビゲーター] パレットの [ズームアウト] ⊖をクリックすると、キャンバスが縮小表示されます。

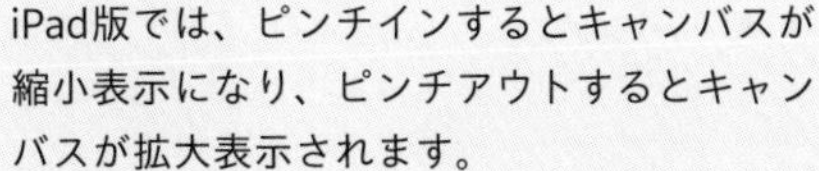
iPad版では、ピンチインするとキャンバスが縮小表示になり、ピンチアウトするとキャンバスが拡大表示されます。

3 [ナビゲーター] パレットの [全体表示] をクリックすると、キャンバスが全体表示されます。

iPad版では、メニューバーの [ウィンドウ] → [ナビゲーター] の順にタップすると、画面右側に [ナビゲーター] パレットが表示されます。

キャンバスを回転する

1 ［ナビゲーター］パレットの［右回転］をクリックすると、キャンバスが右回転します。

2 ［ナビゲーター］パレットの［左回転］をクリックすると、キャンバスが左回転します。

［ナビゲーター］パレットの［回転をリセット］をクリックすると、キャンバスの回転がリセットされます。

キャンバスを反転する

1 ［ナビゲーター］パレットの［左右反転］をクリックすると、キャンバスが左右反転します。

2 ［ナビゲーター］パレットの［上下反転］をクリックすると、キャンバスが上下反転します。

キャンバスの表示位置をリセットしたい場合はCtrl＋@を押します。iPad版では、command＋@（別途外付けのキーボードが必要）を押すほか、［ナビゲーター］パレット上で三本指でタップします。

キャンバスを以前の状態に戻す

1 [ヒストリー] パレットをクリックして表示します。

iPad版では、メニューバーの [ウィンドウ] → [ヒストリー] の順にタップすると、画面右側に [ヒストリー] パレットが表示されます。

2 操作の履歴が表示されます。戻りたい操作の項目をクリックして選択します。

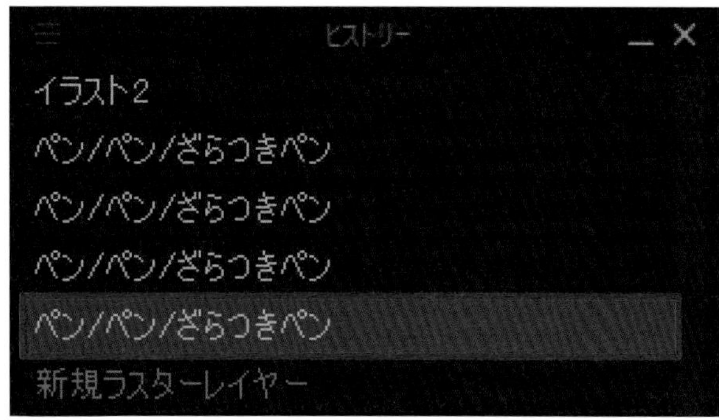

3 手順2で選択した操作直後の状態にキャンバスが戻ります。

キャンバスの解像度を変更するには、メニューバーの [編集] → [キャンバスの解像度の変更] の順にクリックします。「キャンバス解像度の変更」ダイアログボックスが表示されるので、[ピクセル数を固定する] をクリックしてチェックを付け、「基準解像度」に任意の数値を入力して [OK] をクリックします。

MEMO ▶ 取り消し回数を設定する

イラストを描いている途中、うっかり誤った操作をしてしまい、もとの状態にすぐ戻せるようにするために自分でこまめに保存しておくことが大切です。なお、メニューバーの [ファイル] (iPad版では) → [環境設定] → [パフォーマンス] の順に選択すると、[ヒストリー] パレットの取り消し回数を設定することができます。

第2章 ● 基本機能・設定について知ろう

Section 13

ツールでキャンバスを操作しよう

キャンバスの表示位置を変更したり、向きを変えたりしたいときは、移動ツールを使いましょう。

キャンバスの位置を変更する

1 [ツール] パレットで [移動] をクリックし、[サブツール] パレットで [手のひら] をクリックします。

操作ツールにあるオブジェクトツールを利用する場合はP.180を参照してください。

2 キャンバスをドラッグすると移動します。

ほかのツールを選択しているときは、Space を押しながらドラッグすることで移動できます。

iPad版では、エッジキーボード（P.008参照）を表示して space を押しながらドラッグします。

キャンバスの向きを変更する

1 P.046手順1の画面で［回転］をクリックします。

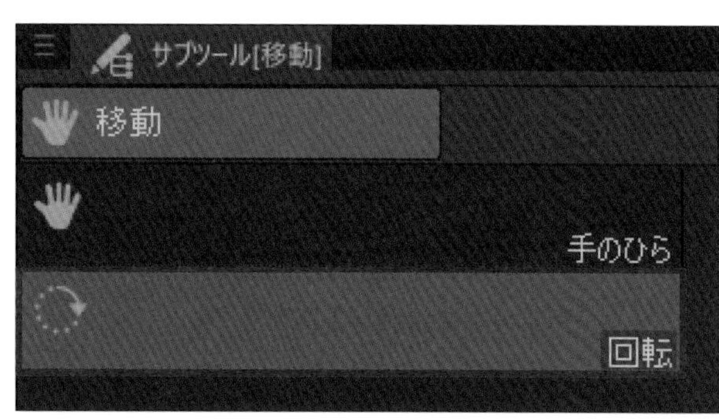

キャンバス上のイラストを回転させる方法についてはP.177を参照してください。

2 キャンバスをドラッグすると回転させることができます。

-や^、Shiftを押しながらスクロールすることでも回転させることができます。

iPad版では、エッジキーボード（P.008参照）を表示してshiftを押しながらキャンバスをドラッグ、または二本指で回転させるとキャンバスを回転できます。

3 ［ツールプロパティ］パレットの［角度の刻み］をクリックしてチェックを付けると、入力した数値の角度ごとに回転させることができます。

MEMO ダブルクリックで水平に戻す

上の手順3の画面でをクリックして［サブツール詳細］パレットを表示し、［ダブルクリックで水平に戻す］をクリックしてチェックを付けるとダブルクリックでキャンバスの角度をもとの水平に戻すことができます。

第2章 基本機能・設定について知ろう

Section 14 パレットをカスタマイズしよう

パレットは自由にカスタマイズできます。使いやすいようにカスタマイズしたあとは「ワークスペース」として登録することができます。

パレットの配置を変更する

1 パレットを配置したい場所までドラッグ&ドロップします。

メニューバーの［ウィンドウ］→［ワークスペース］→［基本レイアウトに戻す］の順にクリックすると初期状態に戻せます。

2 パレットの配置が変更されます。

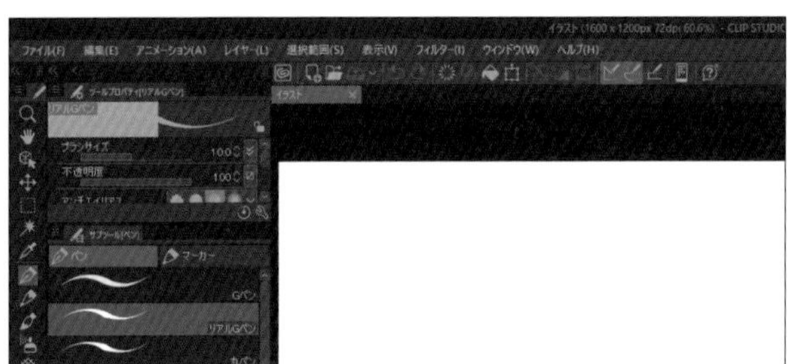

複数のパレットを格納した領域をパレットドックといいます。各パレットドック上部にある▮を左右にドラッグすることで、パレットドックの幅を調整することが可能です。

MEMO ▶ パレットの移動

パレットを移動させるとき、単体パレットの場合は上部の名称が表示された部分を、タブ化した複数のパレットの場合はタブ右側の空白部分を、パレットドックの場合は最上部の空白部分にマウスポインターを合わせてドラッグ&ドロップします。

●単体パレット

●複数パレット

●パレットドック

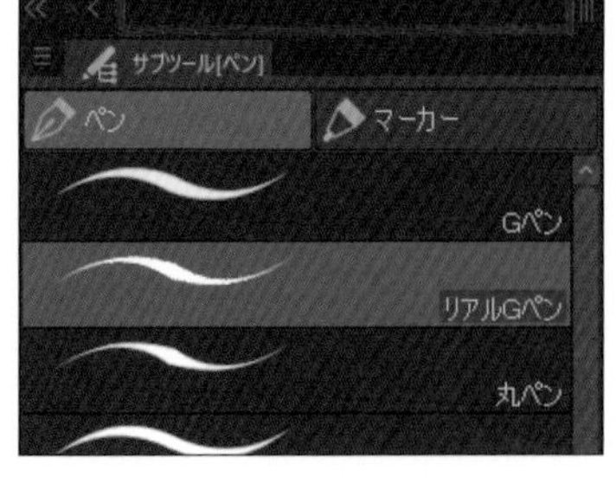

ツールの配置を変更する

1 ツールを配置したい場所までドラッグ＆ドロップすると配置が変更されます。

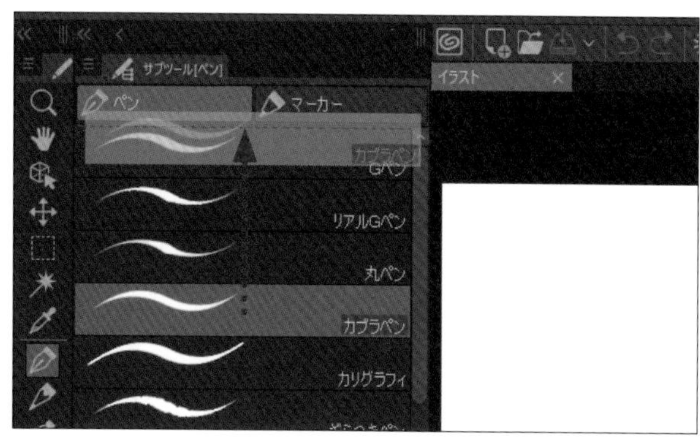

表示方法を切り替える

1 パレット左上の≡をクリックします。

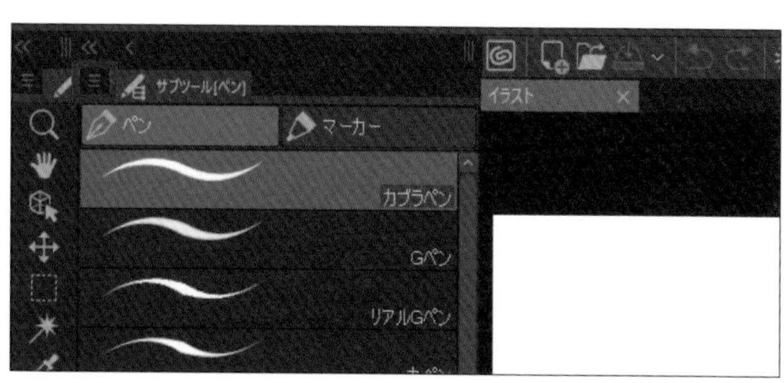

各パレットの左上にある≡をクリックするとパレットに関連するメニューが表示されます。

2 [表示方法] →任意の表示方法（ここでは [テキスト]）の順にクリックします。

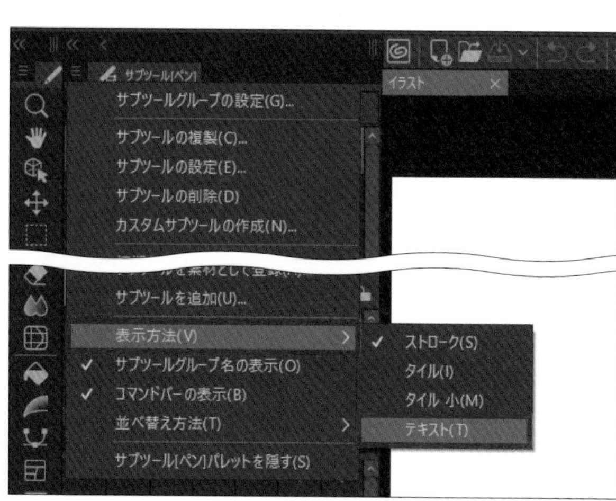

パレットドック上部にある≪や≪をクリックすると折りたたむことができます。

3 表示方法が切り替わります。

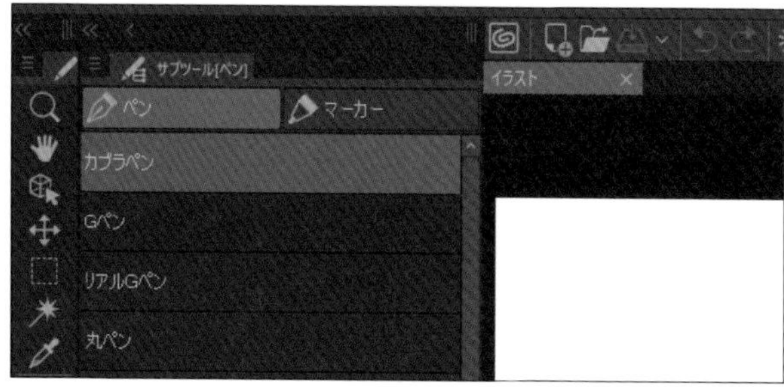

パレットドッグ上部にある≫や≫をクリックすると、折りたたんでいたパレットを再度表示することができます。

パレットを非表示にする

1 メニューバーの［ウィンドウ］→非表示にしたいパレット（ここでは［タイムライン］）の順にクリックしてチェックを外します。

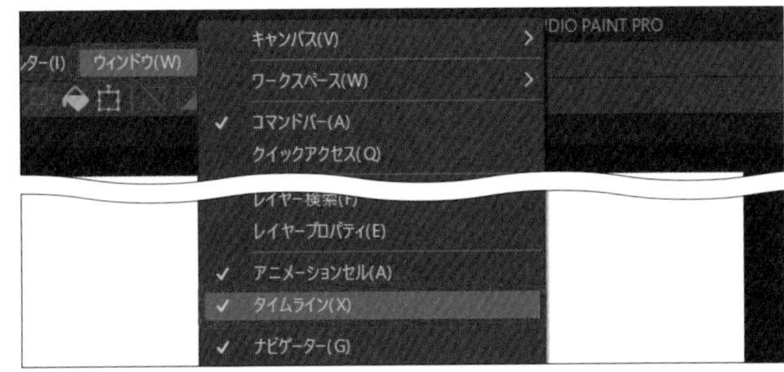

2 パレットが非表示になります。

再度表示したい場合は、手順1の操作をくり返して、表示したいパレットをクリックしてチェックを付けます。

パレットサイズを変更する

1 パレットの側面にマウスポインターを合わせて横方向にドラッグします。

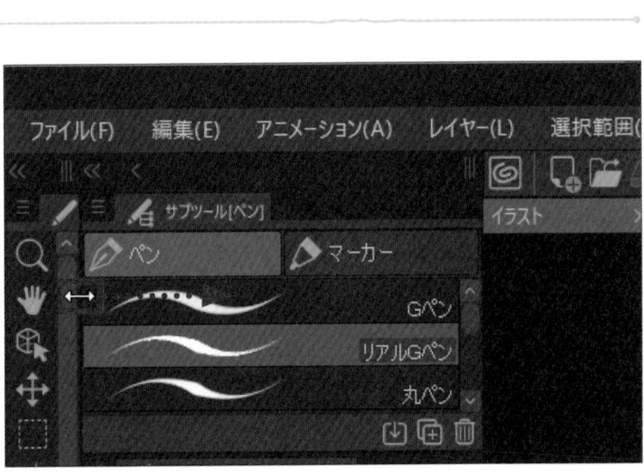

iPad版では、パレットの側面を長押しするとポインターの形が変わるのでそのままドラッグします。

2 パレットサイズ（幅）を変更できます。

パレットの高さを変更したい場合は、パレットの上部にマウスポインターを合わせて上下にドラッグします。

ワークスペースを登録する

1 メニューバーの［ウィンドウ］→［ワークスペース］→［ワークスペースを登録］の順にクリックします。

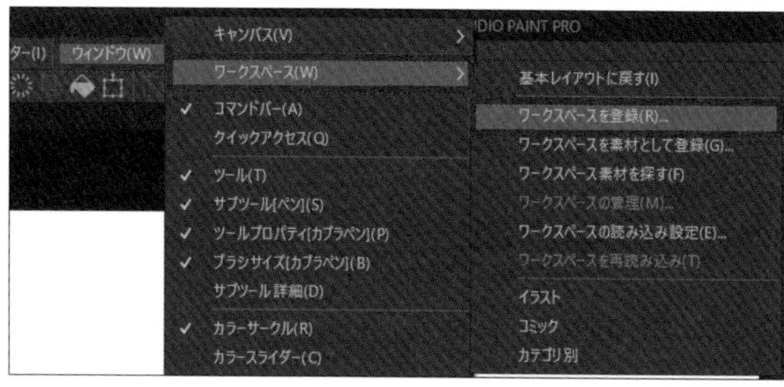

2 任意の名前を入力し、［OK］をクリックします。

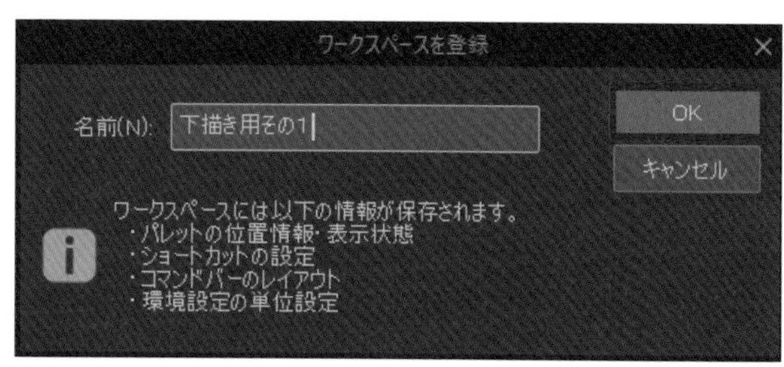

3 ワークスペースが登録されます。

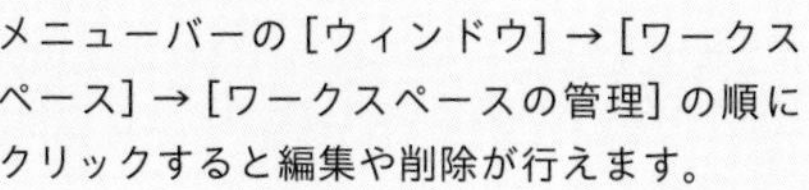
メニューバーの［ウィンドウ］→［ワークスペース］→［ワークスペースの管理］の順にクリックすると編集や削除が行えます。

MEMO ▶ ワークスペースを切り替える

ワークスペースを複数登録している場合は、メニューバーの［ウィンドウ］→［ワークスペース］→切り替えたいワークスペース名の順にクリックすると切り替えることができます。

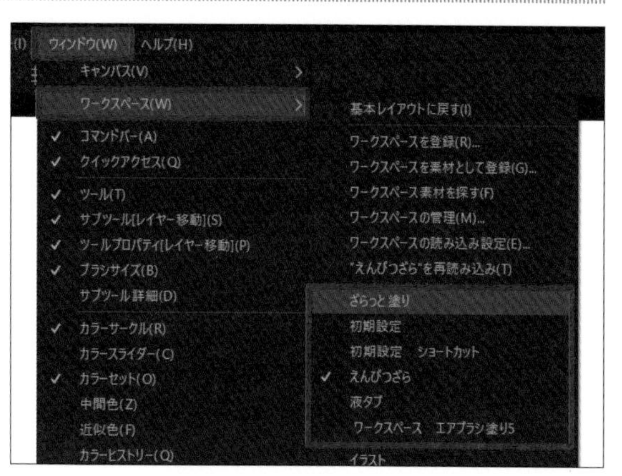

Section 15

キャンバスに画像を読み込もう

CLIP STUDIO PAINTではキャンバスに写真やイラストなどの画像を読み込んで編集することができます。

画像を読み込む

1 メニューバーの［ファイル］→［読み込み］→［画像］の順にクリックします。

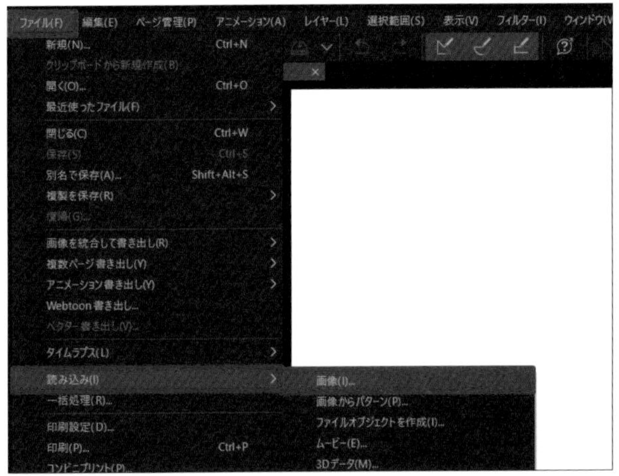

2 「開く」ダイアログボックスが表示されるので、読み込みたい画像をクリックして選択し、［開く］をクリックします。

iPad版では、「ファイル」アプリが表示されるので、読み込みたい画像をタップして選択し、［開く］をタップします。

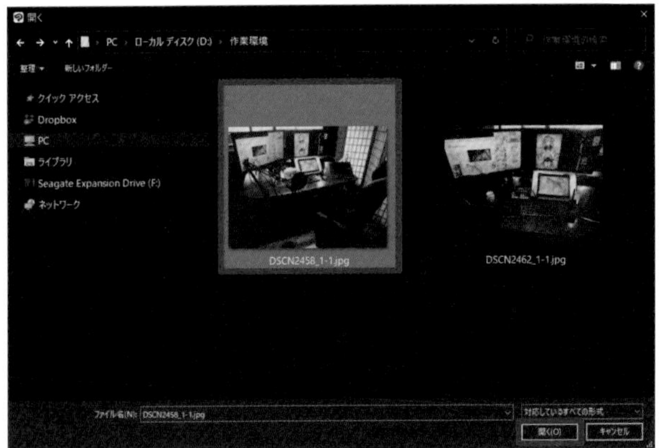

3 キャンバスに画像が読み込まれます。

画像を読み込む際、レイヤーに貼ると、「画像素材レイヤー」に変換して読み込まれます。

読み込んだ画像を編集する

1 ［レイヤー］パレットで編集したい画像素材レイヤーを選択した状態で、メニューバーの［レイヤー］→［ラスタライズ］の順にクリックします。

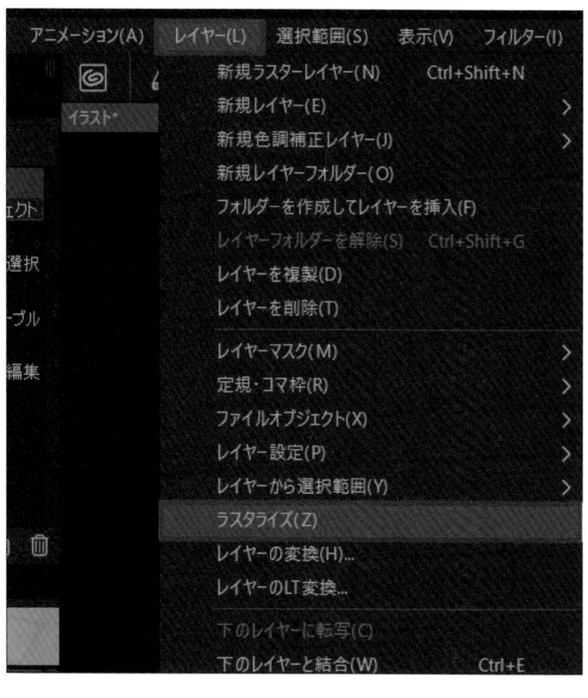

キャンバスサイズを変更するには、メニューバーの［編集］→［キャンバスサイズを変更］の順にクリックします。「キャンバスサイズを変更」ダイアログボックスが表示されるので、「基準点」で現在のキャンバスサイズを変更するときの基準点を設定し、「幅」と「高さ」を変更したいサイズに指定して［OK］をクリックします。

2 ラスターレイヤーに変換できます。

レイヤーの不透明度を下げる方法については、P.082を参照してください。

MEMO ▶ 読み込んだ画像を編集するには

画像素材レイヤーの場合、オブジェクトツール（P.180参照）で移動や回転、拡大／縮小などが行えますが、編集機能を利用することができません。そのため、画像に描画したり消去したりしたい場合は、「ラスターレイヤー」に変換（ラスタライズ）しましょう。

Section 16

タイリングを活用しよう

タイリングとは、画像をくり返し表示させる機能のことです。柄やパターンなどを描きたいときに便利です。

画像をタイリングさせて表示する

1 あらかじめタイリングで使用したい画像を用意しておきます。メニューバーの［レイヤー］→［レイヤーの変換］の順にクリックします。

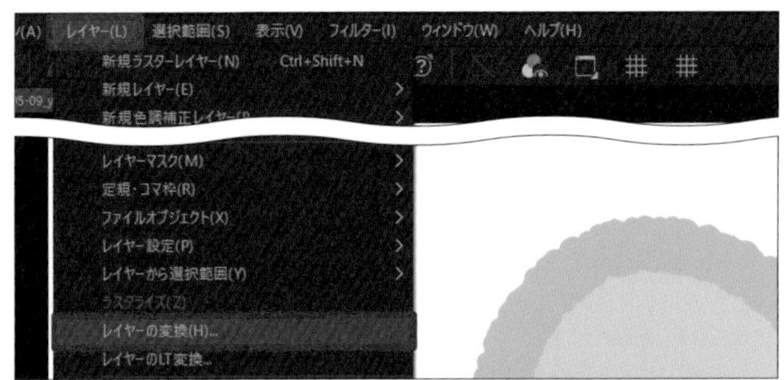

2 「種類」で［画像素材レイヤー］をクリックして選択し、［OK］をクリックします。

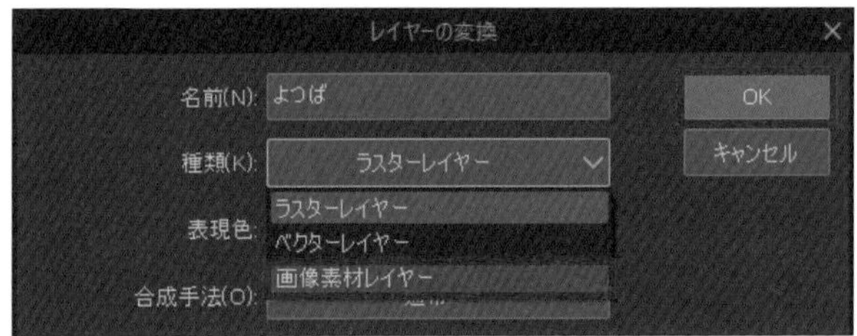

3 Sec.67を参考にオブジェクトツールを選択し、［ツールプロパティ］パレットの［タイリング］をクリックしてチェックを付け、［繰り返し］をクリックします。

「繰り返し」では、読み込んだ画像を向きを変えずに並べます。

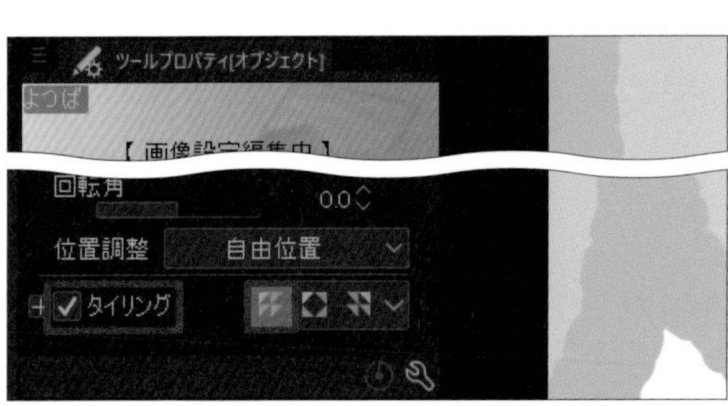

4 画像がタイリングして表示されます。

手順3の画面で［折り返し］をクリックすると読み込んだ画像を交互に向きを変えながら並べます。［裏返し］をクリックすると、読み込んだ画像を左右反転して並べます。

Section 17 3D素材を利用しよう

［素材］パレットにはあらかじめ3D素材が用意されています。3D素材は人物のポーズの参考資料や線画のアタリとして利用できます。

3D素材を配置する

1 ［素材］パレットを表示し、使用したいモデル（ここでは［3D］→［体型］→［3Dデッサン人形－Ver.2（女性）］）をクリックして選択したら、キャンバス上にドラッグ＆ドロップします。

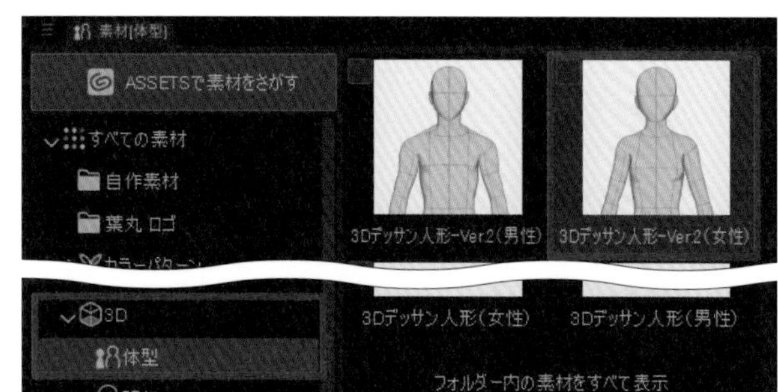

2 キャンバスに3D素材が配置されます。

3D素材を配置すると「3Dレイヤー」が作成され、オブジェクトツール（P.180参照）に切り替わります。

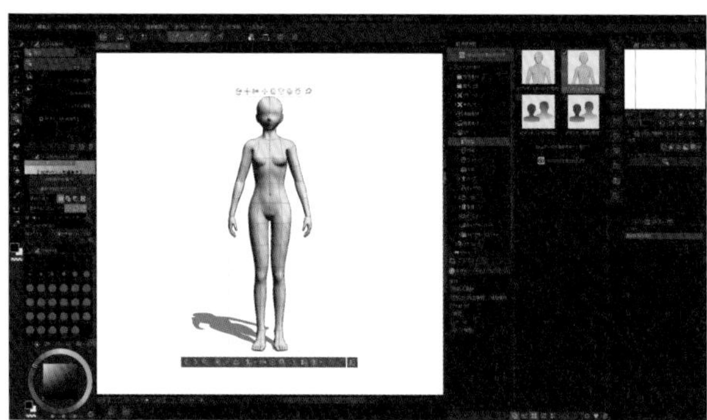

MEMO ▶ 3D素材の種類

CLIP STUDIO PAINTで使用できる3D素材のデータの主な種類には「3Dオブジェクト素材」「3Dキャラクター素材」「3Dデッサン人形」「3D背景素材」の4つがあります。また、［素材］パレットに登録されている3D素材以外にも、外部の3Dデータを読み込むことも可能です。P.052手順1の画面で［3Dデータ］をクリックし、追加したい3Dデータをクリックして選択したら、［開く］をクリックします。なお、読み込めるファイル形式は、cs3c、cs3o、cs3s、fbx、6kt、6kh、lwo、lws、objです。3D素材を探してダウンロードする方法については、P.160を参照してください。

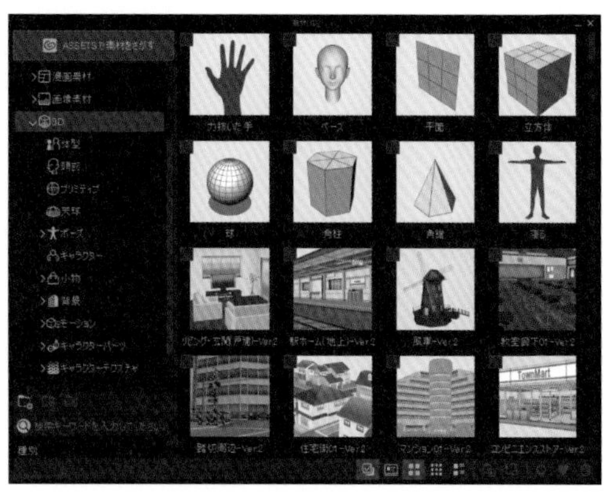

3D素材を操作する

移動マニピュレータ

移動マニピュレータでは、選択した3D素材や3Dレイヤーの基本的な操作に加えて、カメラの操作もできます。

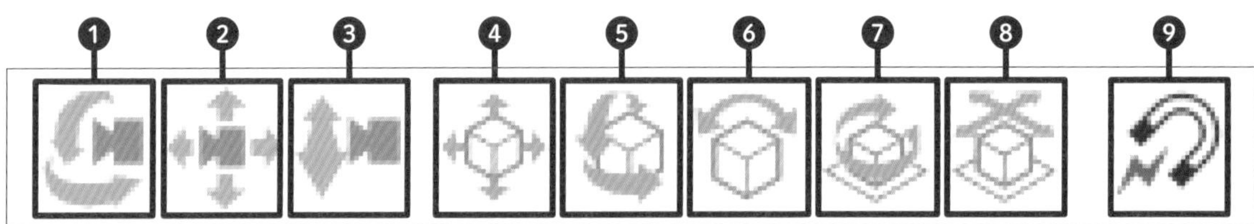

❶カメラの回転	3Dレイヤーのカメラを上下左右に回転できます。
❷カメラの平行移動	3Dレイヤーのカメラを上下左右に平行移動できます。
❸カメラの前後移動	3Dレイヤーのカメラを前後に移動できます。
❹平面移動	3D素材を上下左右に移動できます（3D背景素材では表示なし）。
❺カメラ視点移動	3D素材を回転できます（3D背景素材では表示なし）。
❻平面回転	3D素材を回転できます（3D背景素材では表示なし）。
❼ 3D空間基準回転	3D素材を、3D空間に対して横方向に回転できます（3D背景素材では表示なし）。
❽吸着移動	3D素材を3D空間のベース（床面）などに吸着（固定）しながら移動できます（3D背景素材では表示なし）。
❾ 3D素材にスナップ	3D素材にスナップのオン／オフを切り替えられます。

オブジェクトランチャー

オブジェクトランチャーは、選択した3D素材の種類によって、表示されるボタンが異なります。ここでは、共通の項目のみ紹介します。

❶前／次のオブジェクトを選択	3Dレイヤーに複数の3D素材がある場合、選択する3D素材を切り替えることができます。
❷オブジェクトリスト	［サブツール詳細］パレットの［オブジェクトリスト］カテゴリーが表示され、3D素材の選択や設定を行えます。
❸カメラ	カメラアングルの一覧が表示されます。
❹編集対象を注視	選択中の3D素材が、3D空間の中心へ表示されるようにカメラを移動できます。
❺接地	3D素材をベース（床面）に接地できます（3D背景素材では表示なし）。

ルートマニピュレータ

3D素材を選択すると、ルートマニピュレータが表示されます。移動マニピュレータと同様に3D素材の操作が行えます。

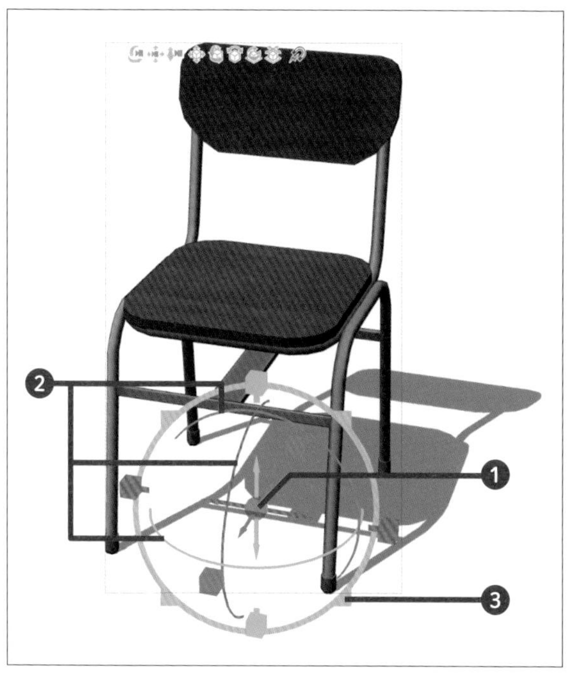

❶位置の変更	中央にある灰色の球体上でドラッグすることで位置を変更できます。また、赤・青・緑の矢印の上でドラッグするとX·Y·Z軸の方向に移動できます。
❷回転の変更	赤・青・緑のリング上でドラッグすると回転させられますさせられます。
❸スケールの変更	灰色のリング上でドラッグすることで、比率を保ったままスケールを変更できます。

3D素材の設定を変更する

3D素材を選択した状態で［ツールプロパティ］パレットの🔧をクリックして［サブツール詳細］パレットを表示すると、3D素材の設定を変更することができます。たとえば、3Dを使いビニール傘を描きたいときは、レイヤーを丸ごと複製し（P.075参照）、パーツを一部非表示にしたり、不透明度を調整すると（P.082参照）、より描きやすくなります。

右図では、「パーツをすべて表示した3D、不透明度50%」と「傘生地を非表示にした3D、不透明度100%」を重ね合わせることで、半透明に透けた状態にしています。

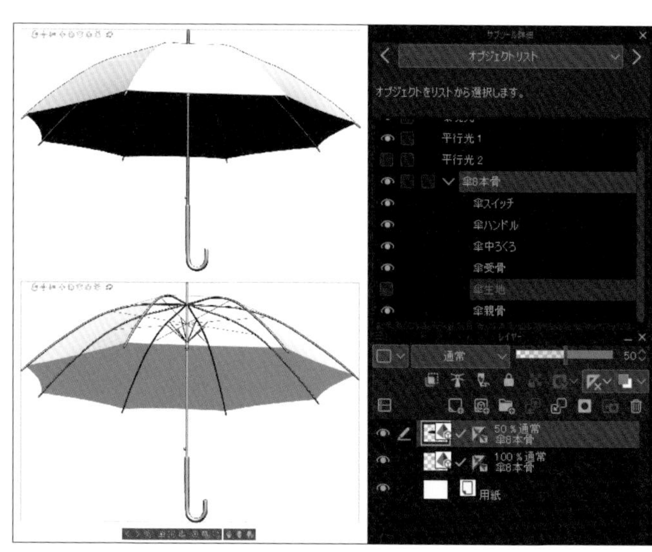

Section
18

データの保存と書き出しをしよう

イラストの作成途中、またはイラストが完成したらデータの保存を行いましょう。また、JPEG形式などでイラストデータを書き出すこともできます。

作成したデータを保存する

1 メニューバーの［ファイル］→［保存］の順にクリックします。

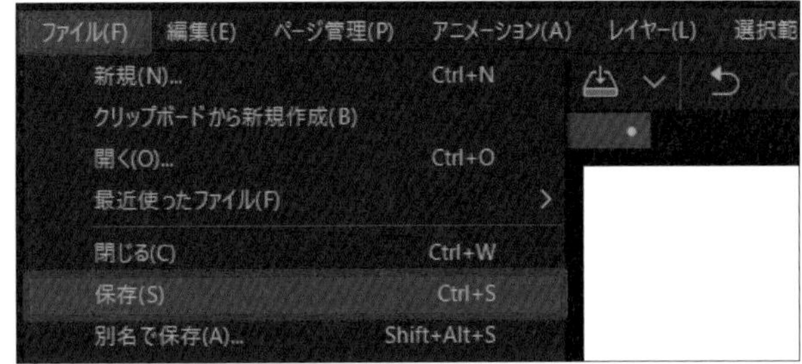

2 「保存」ダイアログボックスが表示されるので、ファイルの保存先を指定したら、「ファイル名」に任意の名前を入力して［保存］をクリックします。

保存時の「ファイルの種類」は「CLIP STUDIO FORMAT」です。

iPad版では、「ファイル」アプリが表示されるので、任意の保存先、ファイル名を設定して［保存］をタップします。

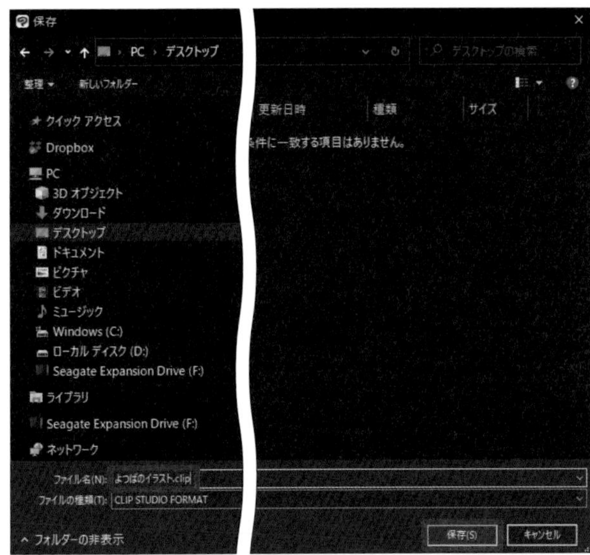

3 手順2で指定した保存先にデータが保存されます。

ヒストリー機能（P.045参照）は戻れる回数に限界があります。以前の状態に戻したい場合は、定期的に「別名で保存」しておくと便利です。

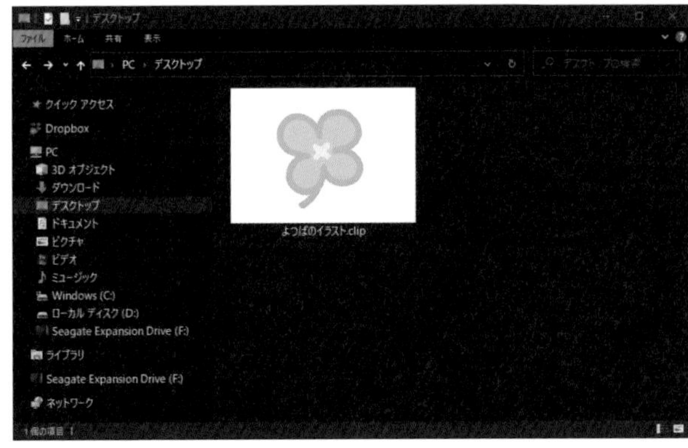

そのほかの保存方法

別名で保存

以前に保存したデータを、別のデータとして、別名を付けて保存できます。メニューバーの［ファイル］→［別名で保存］の順にクリックします。

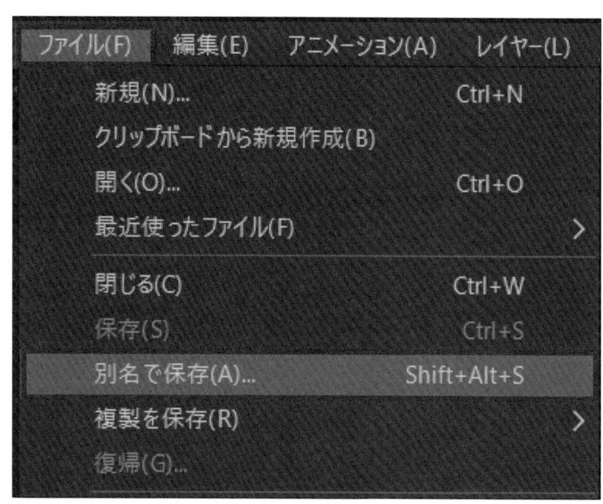

「別名で保存」を実行すると、現在開いているキャンバスのデータが「別名で保存」で保存したものに置き換わるので注意しましょう。

複製を保存

現在開いているキャンバスを、保存形式を直接指定してデータを保存できます。メニューバーの［ファイル］→［複製を保存］の順にクリックし、任意の保存形式をクリックして選択します。

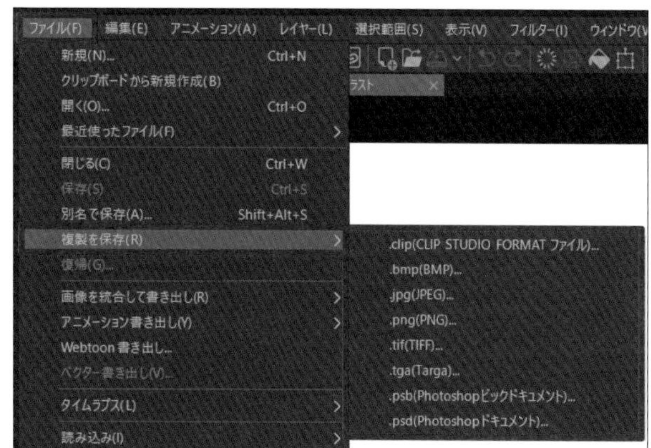

MEMO ▶ プレビューとカラープロファイルを知っておこう

「複製を保存」では、カラープロファイル情報を持ったデータを保存できます。カラープロファイルとは、ほかの環境で画像を扱う場合に、色の変化を極力抑えて表示したり、印刷したりするための機能です。蛍光色のような鮮やかな色を印刷すると、暗く彩度の落ちた絵になります。
これは、RGB（モニターで見える色）に比べて、CMYK（インクで再現できる色）の範囲が狭いからです。より自分のイメージに近づけるためにも、印刷する絵はCMYKのプレビュー機能で、見栄えを確認しながら描くのがおすすめです。

データを画像ファイルとして書き出す

1 メニューバーの［ファイル］→［画像を統合して書き出し］の順にクリックしたら、任意の書き出し形式（ここでは［.jpg（JPEG）］）をクリックして選択します。

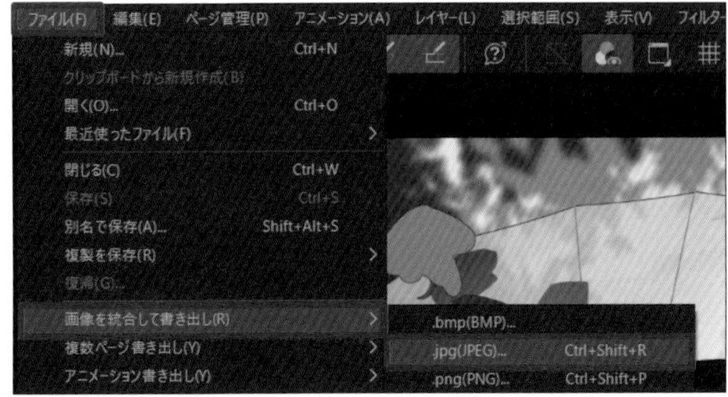

2 「画像を統合して書き出し」ダイアログボックスが表示されるので、任意の名前を入力し、［保存］をクリックします。

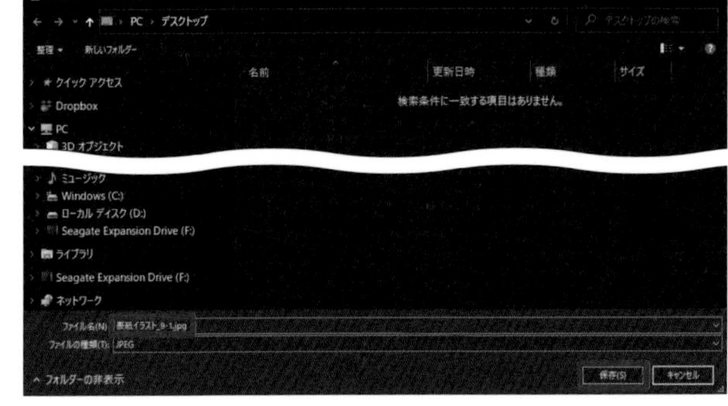

iPad版では、任意の名前を入力し、［OK］をタップします。

3 書き出し設定画面が表示されるので、必要に応じて出力時の画質やサイズなどを指定します。「出力時にレンダリング結果をプレビューする」にチェックが付いていることを確認し、［OK］をクリックします。

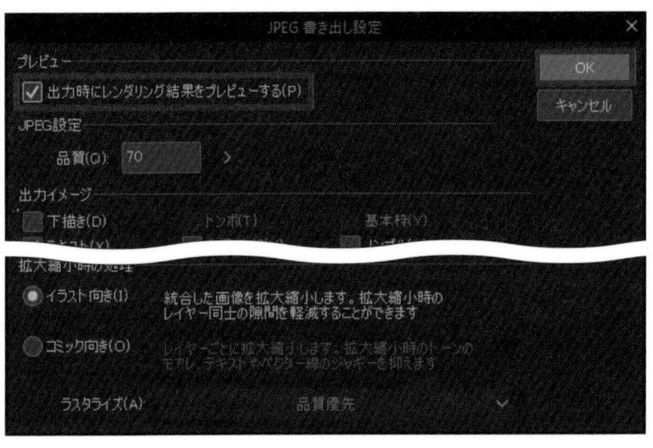

設定画面の「品質」の数値を下げるとデータ容量が軽くなります。印刷せずモニターやネット上で見るだけであれば、70％前後に設定しておくと、粗さを感じることもないためおすすめです。

4 「書き出しプレビュー」ダイアログボックスが表示されるので、プレビューとファイルサイズが問題ないことを確認して［OK］をクリックします。

JPEGやBMPなど一部の書き出し形式では、透過情報を持たないため透過して保存できない点に注意しましょう。背景を透過して書き出したいときはPNGを選択します。

タイムラプスを利用する

1 P.032手順1を参考に「新規」ダイアログボックスを表示したら、キャンバスの設定を行い、[タイムラプスの記録]をクリックしてチェックを付け、[OK]→[OK]の順にクリックします。イラストを描き始めると、タイムラプスとして記録されます。

メニューバーの[ファイル]→[タイムラプス]→[タイムラプスの記録]をクリックすることでもタイムラプスとして記録できます。

2 イラストが完成したらタイムラプスを動画として書き出します。メニューバーの[ファイル]→[タイムラプス]→[タイムラプスの書き出し]の順にクリックします。

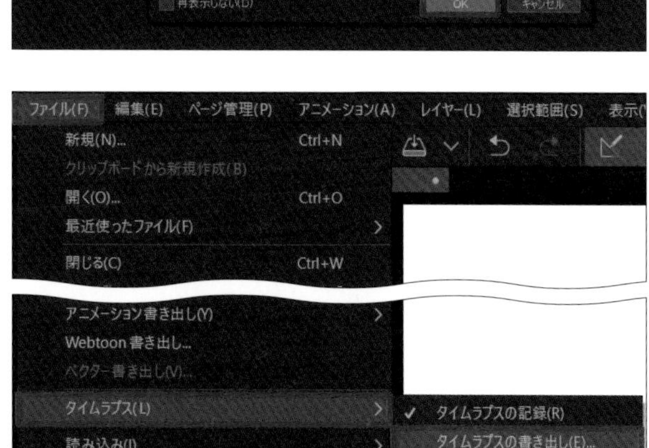

3 「タイムラプスの書き出し」ダイアログボックスが表示されるので、「書き出しオプション」で任意の設定をし、[OK]をクリックすると書き出し完了です。

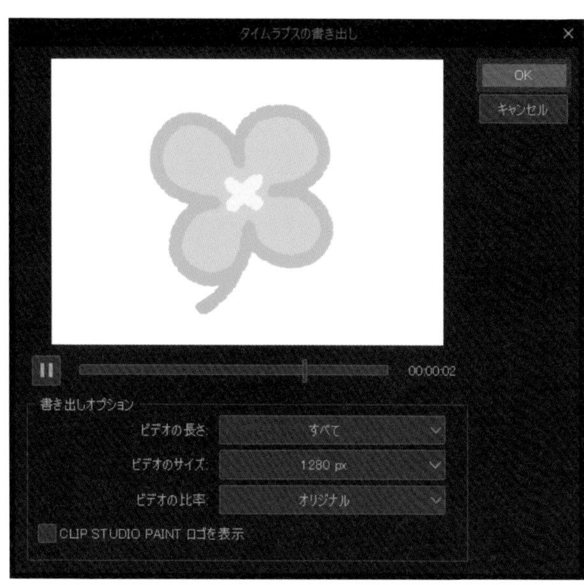

「ビデオの長さ」はタイムラプス動画全体の長さを設定できます。「ビデオのサイズ」は1280px・1080px・720pxから選択でき、「ビデオの比率」は横と縦の比率を自由に選択できます。

Section 19

もしものときのバックアップデータと復元について知ろう

CLIP STUDIO PAINTでは、保存の度にバックアップデータが作成されています。もしものときに備えてバックアップデータの保存場所と復元について知っておきましょう。

自動バックアップ機能と復元

CLIP STUDIO PAINTでは、データを保存する度に自動的にバックアップデータが作成されています（Windows／macOS版のみ）。イラストを描いている途中で誤ってデータを消してしまったり、思わぬトラブルでデータが破損してしまったりした場合は、バックアップファイルを確認してみるとよいでしょう。
バックアップデータは以下の3種類のフォルダに分かれて保存されています。必要に応じて復元しましょう。なお、バックアップデータの保存先は、使用のOSごとに異なります。詳しく知りたい場合は、CLIP STUDIO PAINT公式のFAQ（https://support.clip-studio.com/ja-jp/faq/articles/20190029）を参照してください。
なお、CLIP STUDIOのクラウドサービスの自動同期機能を利用することでも、CLIP STUDIO PAINTで制作した作品をバックアップすることができます。Windows／macOS版はもちろんのこと、iPad版でもデータをクラウドにアップロードしておけば、万が一のときに安心です。iPad版でのバックアップの方法については、下のMEMOを参照してください。

DocumentBackup	上書き保存時のバックアップデータが保存されています。
InitialBackup	ファイルを開いて一度目の上書き保存のバックアップデータが保存されています。
RecoverryBackup	キャンバスの復元情報が一定時間おきに保存されます。CLIP STUDIO PAINT がうまく終了しなかった場合、次回起動時に、キャンバスを自動的に復元します。

バックアップデータから復元する

1 CLIP STUDIOを開き、⚙→［メンテナンスメニュー］の順にクリックします。

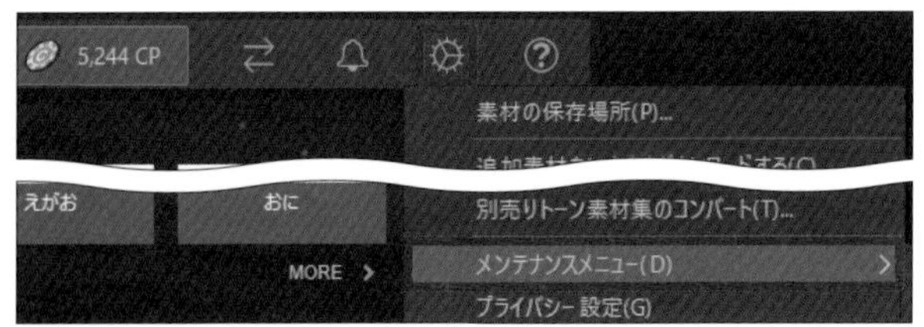

MEMO ▶ iPad版でバックアップの設定をする

iPad版では、メニューバーの？→［CLIP STUDIOを開く］の順にタップ、またはコマンドバーのをタップしてCLIP STUDIOを開きます。CLIP STUDIOの画面上部にあるクラウドバーをタップすると「クラウド」画面が表示されるので、［クラウド設定］をタップし、「同期設定」にある「CLIP STUDIOの表示時とログイン時に作品の同期を行う」の［ON］をタップしてチェックを付けます。CLIP STUDIOアカウントでログインしていると、自動で作品のバックアップが実行されるようになります。

2 [PAINTバックアップデータの保存場所を開く]をクリックします。

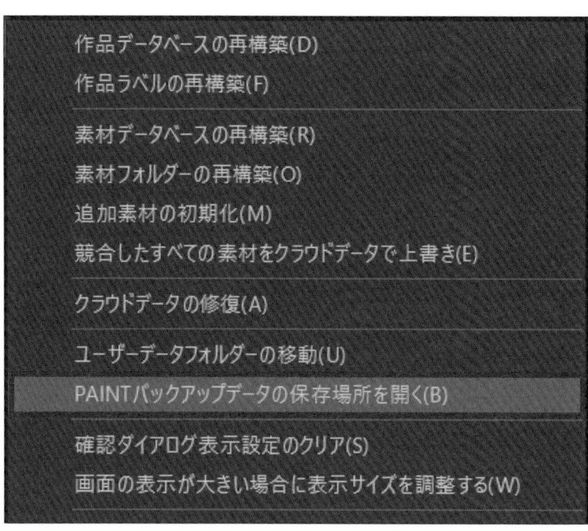

3 エクスプローラーが開き、バックアップデータの保存先が表示されます。ここでは[DocumentBackup]をクリックします。

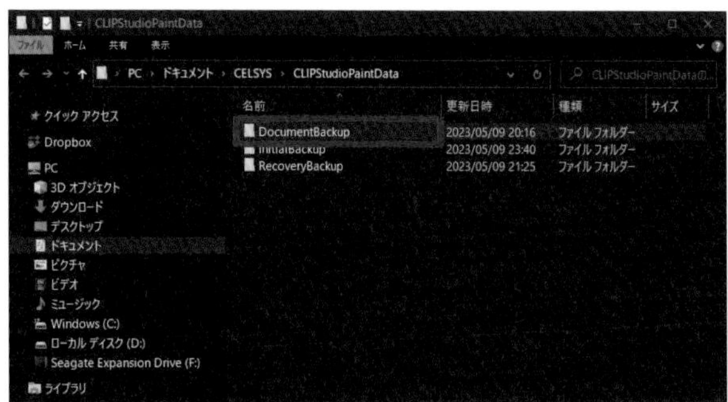

4 復元したいデータをクリックして選択します。

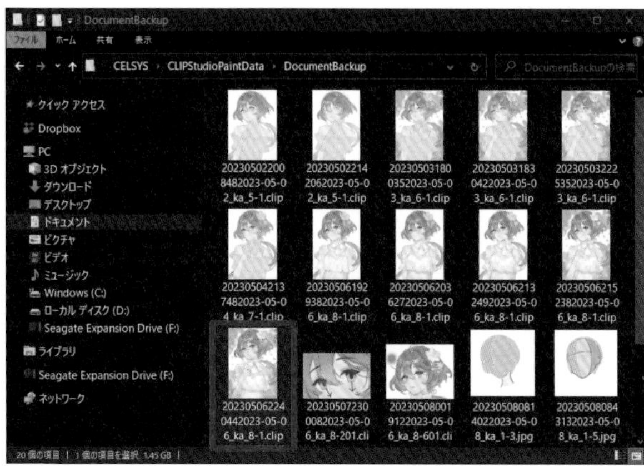

5 CLIP STUDIO PAINTでデータが復元して表示されます。

Section **20**

環境設定をカスタマイズしよう

CLIP STUDIO PAINTでは、環境設定のカスタマイズで、インターフェース（見た目）をはじめ、操作方法やサポートなどを自分が使いやすいように設定できます。

インターフェースを設定する

1 メニューバーの［ファイル］→［環境設定］の順にクリックします。

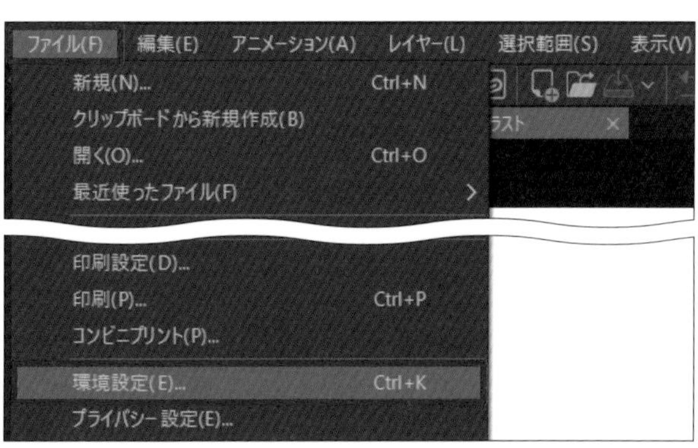

iPad版では、→［環境設定］の順にタップします。

2 「環境設定」ダイアログボックスが表示されます。［インターフェース］をクリックします。

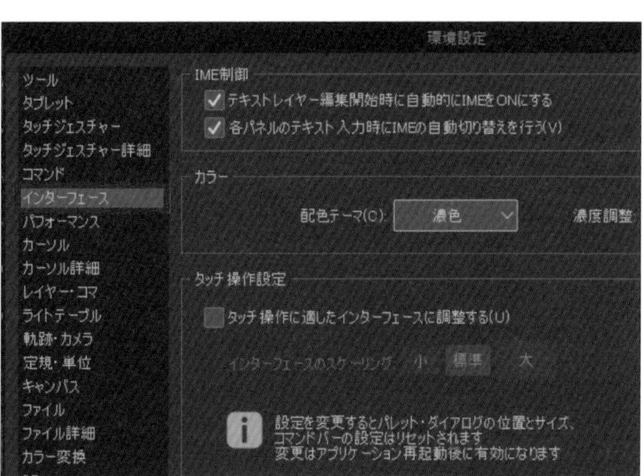

iPad版では、［インターフェース］をクリックしたあと、「レイアウト」の［パレットの基本レイアウトをタブレットに適した構成にする］をクリックしてチェックを付け、［OK］をタップすると、Windows版やmacOS版と同じインターフェースにできます。

3 「カラー」の「配色テーマ」から［淡色］をクリックして選択し、［OK］をクリックします。

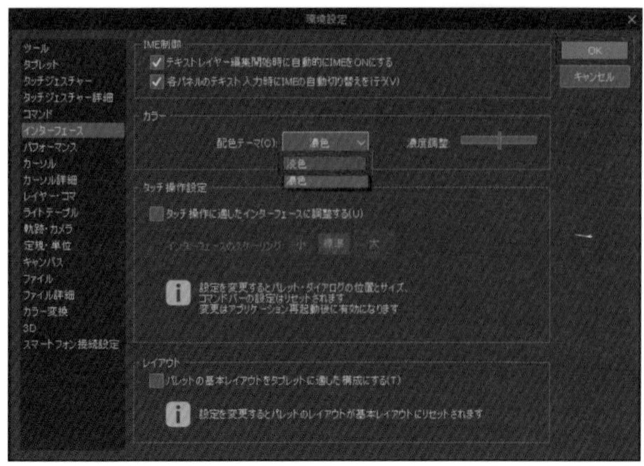

4 インターフェースのカラーが設定されます。

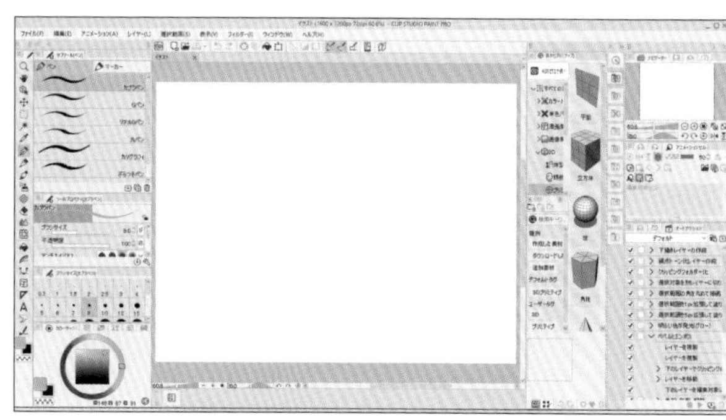

表示倍率を追加する

1 P.064手順1を参考に、「環境設定」ダイアログボックスを表示し、[キャンバス] をクリックします。

[ナビゲーター] パレットのズームアウト／ズームイン (P.042参照) を使用するときの表示倍率を追加できます。

2 「表示倍率」に任意の倍率（数値）を入力し、[追加] をクリックします。

[ナビゲーター] パレットで拡大／縮小するときの表示倍率を適度に追加しておくと操作感がよくなります。

3 [OK] をクリックすると設定が確定されます。

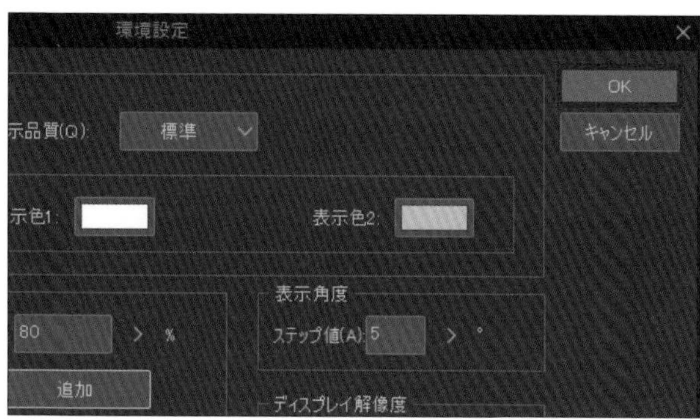

ショートカットを左手用デバイスに登録しよう

CLIP STUDIO PAINTでは、独自にショートカットキーを設定でき、左手用デバイスに登録しておくと、作業の速度や効率が大きく向上します。

左手用デバイスとは

左手用デバイスは、イラスト制作をはじめ、画像加工、動画編集、ライブ配信、ゲームなどさまざまな場面で利用されています。左手用デバイスでは、よく使うショートカットキーや機能、操作を各ボタンに登録でき、CLIP STUDIO PAINTで作業する際の速度や効率を大幅にアップさせることができます。豊富なデザインや機能の左手用デバイスが用意されていますが、初めて購入する場合は、今後も安く買い替えができる点などでテンキーがおすすめです。下画像左のようにボタンが厚く、ブロック状のタイプであればどこを押してるかわかりやすいです。また、CLIP STUDIO公式が販売しているCLIP STUDIO TABMATE（下画像右）のようなタイプもあります。

http://www.handmon.com/productinfo/225415.html

https://www.clip-studio.com/clip_site/tool/items/tmc_plan?_stp=a.3200067933+b.3517971150

左手用デバイスにショートカットを登録する

1 メニューバーの［ファイル］→［ショートカットキー設定］の順にクリックします。

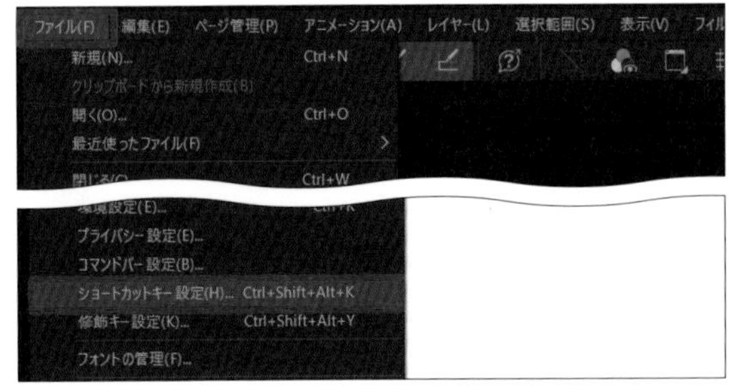

iPad版では、→［ショートカットキー設定］の順にタップします。